# 1時間でわかる アフィリエイト

リンクアップ 著

技術評論社

# ●本書について

## はじめに――副業時代の幕開け

2018年の春、政府の後押しもあり、サラリーマンの副業が解禁の方向へ向かっています。パソコンやスマートフォンの普及にともない、現代は「ネット副業」が当たり前になっています。そんな中でも人気の副業が、本書で解説する「アフィリエイト」です。

しかしアフィリエイトは、途中で挫折してしまう人が多くいます。その理由は、アフィリエイトは誰でもかんたんに結果を出せるものではないからです。だからこそ、アフィリエイトを始めるうえではしっかりと基礎知識を身に付け、コツやポイントを押さえておく必要があるのです。**そんなアフィリエイトに大切な基本的な要点を、本書で学ぶことができます**。

本書が、これから初めてアフィリエイトにチャレンジしてみようと考えている方の人生を、少しでも豊かにする一助になれば幸いです。

## 本書の特徴 ―― 即効理解の実用書

本書は「1時間で読める・わかる」をコンセプトに制作された、まったく新しいタイプの実用書です。「1時間でなにができる?」と疑問を感じているかもしれませんが、知っておくべき必要な知識や操作はそれほど多くはありません。

逆にいえば、**本書で解説していることを、1時間しっかりと読んで理解することができれば、アフィリエイトの知識としては十分なのです。**あとは実践あるのみです。

従来の書籍は細かいテクニック等を解説することが多いのですが、本書では**知っておくべき基礎や、結果を出すためのコツやポイントの解説に重点を置いています。**移動時間でサッと読める「即効理解の実用書」です。

なお、本書は1時間で理解する範囲として3章(124ページ)までを「必読」のパート、それ以降の4章を「プラスα」のパートとして、分けています。

事例 1

# 頓挫してしまっていたブログを副業に目的を持って楽しみながらコツコツ稼ぐ!

http://www.kataseumi.com/

サイト管理者 かたせうみ さん

現在の収入 月収約一万円

かたせさんは、2人のお子さまの学費捻出のために自宅でできる副業はないかと考えていたところ、以前からトライしてみたかったブログ作成が選択肢に浮かんだとのこと。そんなブログでアフィリエイトを始め、収益が上がるようになるまでは約10ヶ月。普段は仕事で疲れていても、ブログはまた違った自分であることを意識して楽しく書いているといいます。かたせさんは旅行記を中心に記事を書いており、当時の楽しさが伝わるような内容が魅力です。

事例 2

# 「書くことが楽しい」と思えることがいちばん！ときに休みながらでも自分のペースで続けていく

http://www.minimum-minimum.com

**サイト管理者** よりこ さん

**現在の収入** 月収約五万円

派遣社員として働きながら、ブロガーとしても収益を得ているよりこさん。当時、正社員を辞めたかったという悩みがあり、気持ちや生活を整えるためにブログを始めたそうです。読者のためになる情報も書き始めたところ、徐々にブログの閲覧数が伸びていったといいます。アフィリエイトでは、本当におすすめできる商品だけをブロガーならではの丁寧な文章で紹介しています。無理はせず、「書くことが楽しい」と思うことがよりこさんなりの継続ポイントです。

事例
3

# サイトデザインと心に響く記事が印象的！大好きなチョコレートをテーマにレビュー

https://チョコログ.com

**サイト管理者** もっちゃん さん

**現在の収入** 月収約十万円

チョコが大好きなもっちゃんさんは、毎日のチョコ代を稼ぎたいと考え、チョコのレビューブログを始めました。毎日1,000文字以上の記事の更新を心がけ、開始3ヶ月で初の収益発生、そしてバレンタイン時期には自己最多の報酬を得ています。記事数が増えた現在は、ブログ内を回遊してもらうための記事一覧ページを作ったり、商品のパッケージやサイズ感がわかりやすい写真を多く掲載したりと、工夫が施されています。

事例
4

# 経験はほかの人にはない自分だけの財産！自身のライフスタイルをブログで発信

https://bijin.click/

サイト管理者　Hana さん

現在の収入　非公開

Ｈａｎａさんは美容や健康、海外移住や語学、旅行関連など、さまざまなサイトやブログを運営しています。とくに美容や海外系の記事内容は、自身の経験を活かしたもの。現在は旦那さまとカナダでスローライフを送りながら、大好きな海外旅行も楽しんでいるそうです。充実した日常の中で気になるものへの興味や意識を追及し、自分ならではの情報を発信していくことが、Ｈａｎａさんが幅広い分野でのアフィリエイトに成功した秘訣かもしれません。

# 目次

## 1章 アフィリエイトを始める前に知っておきたい基礎知識

# 2章 絶対に失敗しないテーマ&商品選びのコツ

# 3章
# 収益に直結するコンテンツの作り方

## 4章 もっと稼ぐためのアフィリエイトテクニック

## [免責]

本書に記載された内容は、情報の提供のみを目的としています。したがって、本書を用いた運用は、必ずお客様自身の責任と判断によって行ってください。これらの情報の運用の結果について、技術評論社および著者はいかなる責任も負いません。

本書記載の情報は、2018年5月末日現在のものを掲載していますので、ご利用時には、変更されている場合もあります。

また、本書はWindows 10を使って作成されており、2018年5月末日現在での最新バージョンをもとにしています。OSやインターネットの情報は更新される場合があり、本書での説明とはURLや画面などが異なってしまうこともあり得ます。OSのバージョンやインターネットの情報が異なることを理由とする、本書の返本、交換および返金には応じられませんので、あらかじめご了承ください。

以上の注意事項をご承諾いただいたうえで、本書をご利用願います。これらの注意事項に関わる理由に基づく、返金、返本を含む、あらゆる対処を、技術評論社および著者は行いません。あらかじめ、ご承知おきください。

## [商標・登録商標について]

# 1章

## アフィリエイトを始める前に知っておきたい基礎知識

SECTION 01

# アフィリエイトの仕組み

基本

## アフィリエイトは気軽にチャレンジできるビジネス

インターネット上のビジネスとして有名な「アフィリエイト」。聞いたことがある人も多いのではないだろうか。アフィリエイトとは、**インターネット上での広告形態のひとつ**だ。自分のブログやホームページにさまざまな広告を掲載し、サイトの訪問者がその広告を通して商品を購入したりサービスに申し込んだりすると、報酬が発生する、という仕組みになっている。

アフィリエイトは、自分が直接商品を売るわけではないので、在庫管理などの手間がかからない。また、特別な道具や専門的な知識がなくても始められるので、**手軽にチャレンジできる副業としても最適**だ。

現在でも、アフィリエイト広告を出稿する企業は年々増えている。アフィリエイターが紹介できる商品やサービスの幅もどんどん拡がっていくだろう。まさに、**今から挑戦しても充分に結果を期待できるビジネス**なのだ。

## アフィリエイトの仕組み

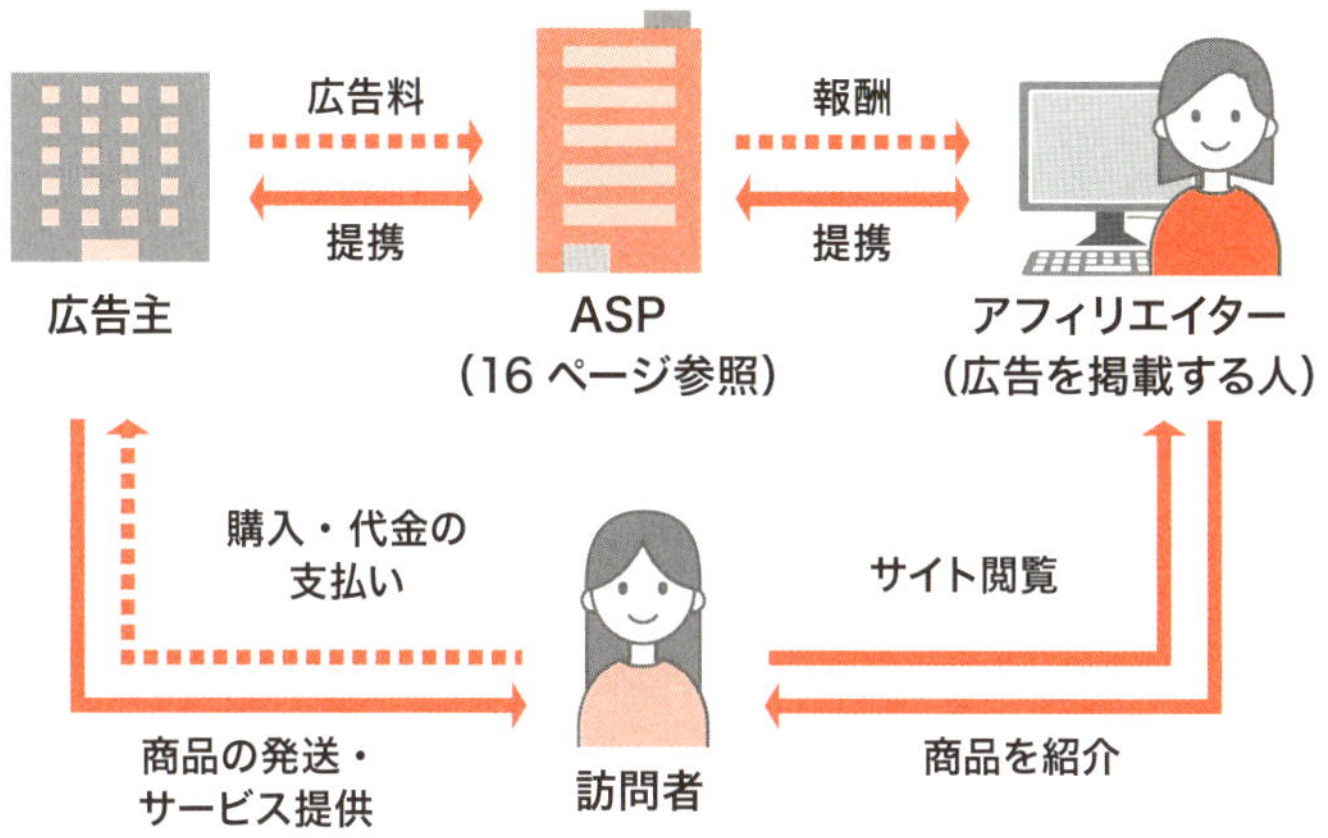


## アフィリエイトはチャレンジしやすいビジネス

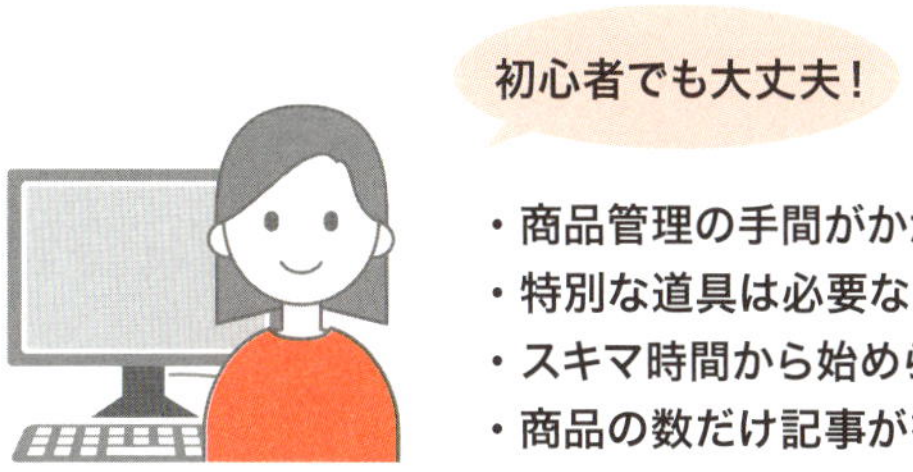


・商品管理の手間がかからない
・特別な道具は必要ない
・スキマ時間から始められる
・商品の数だけ記事が書ける

## アフィリエイターと広告主をつなぐＡＳＰ

では、アフィリエイトの広告は、どこから借りてくればよいのだろうか？　アフィリエイトでは、「ＡＳＰ」という広告の配信会社が存在する。ＡＳＰは「アフィリエイトサービスプロバイダー」の略で、**インターネット上の広告代理店の役割**を果たしている。

広告主である企業は、アフィリエイトを通して自社の商品やサービスの認知度や売上をアップさせたいと考えたとき、ＡＳＰに申し込みを行い、バナーやテキストなどの形式で広告を作成して出稿をする。そうして多数の企業から集めた広告を、ＡＳＰは自社サイトに掲載し、それを紹介してくれるアフィリエイターを募るという流れだ。**たくさんの広告をＡＳＰが集約することで、アフィリエイターと広告主が直接やり取りする必要がなく、手間をかけずにスムーズな取引が行える**。

アフィリエイトを始めるには、ＡＳＰへの登録が不可欠だ。ＡＳＰは複数あるので、自分の紹介したい商品の広告を配信しているＡＳＰに登録したい。初心者にとくにおすすめできるＡＳＰについては、82ページでも詳しく解説する。

## 代表的なASPの例

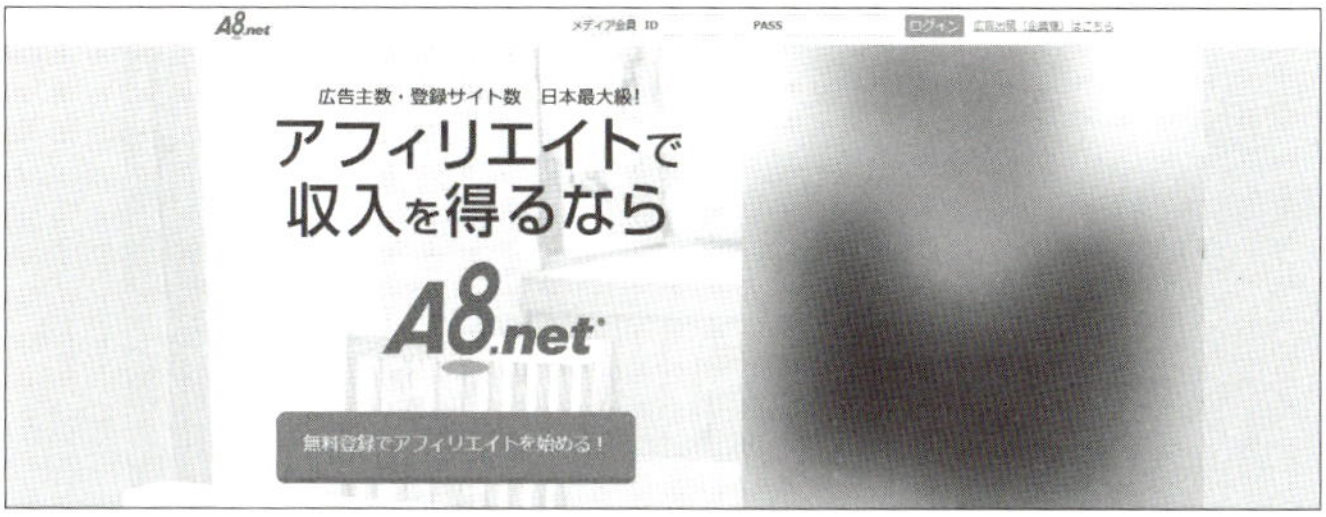


●A8.net　https://www.a8.net/
ASPの最大手。アフィリエイトを始めるならまずはここに登録しよう。

## ASPの役割

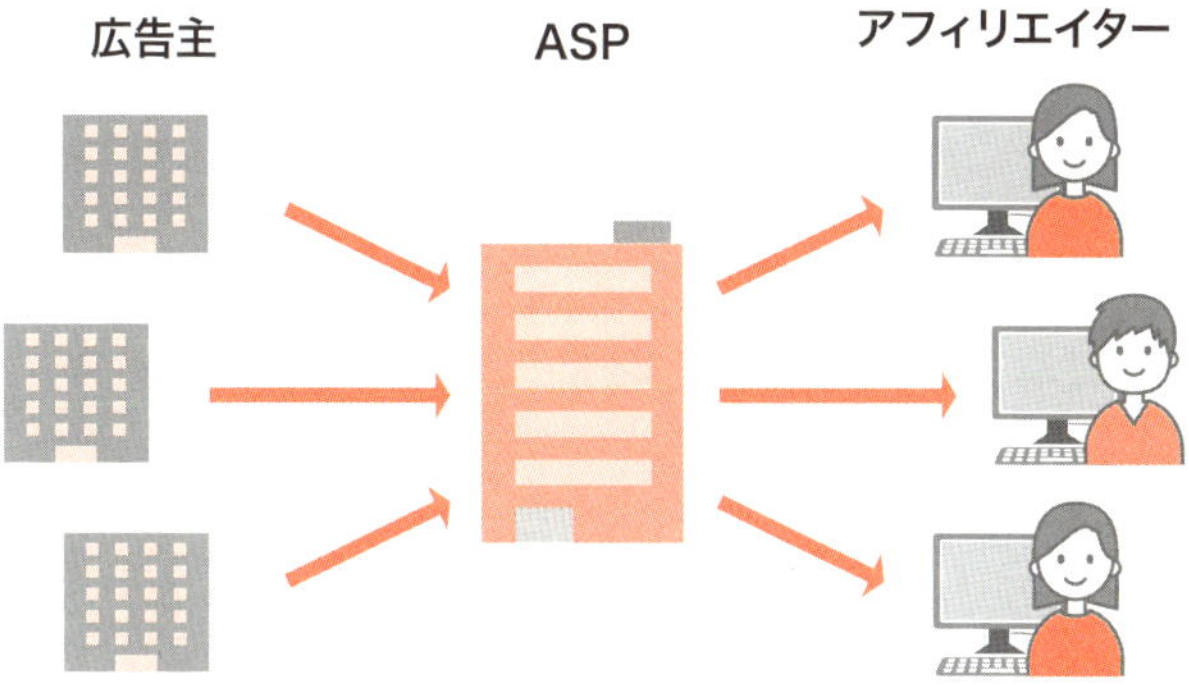


・ASPはさまざまな広告主の広告を取りまとめて、
アフィリエイターに提供してくれる

## 気を付けて行えばアフィリエイトは安全！

ここまで解説してきた内容で、アフィリエイトがきちんとしたビジネスであることは理解してもらえただろう。しかし、いまだに**アフィリエイトは「怪しい」「胡散臭い」**という印象を持たれやすいのも事実だ。

アフィリエイトがよく思われていない原因のひとつが、「商品を売り付けて報酬を得るビジネス」という偏見を持たれていること。だが、14ページで述べた通り、アフィリエイトはインターネット上での広告形態のひとつ。**大手企業も行っているビジネス**であるため、「アフィリエイト＝怪しい」ということはないのだ。

そのほかの原因として、悪質な商材をアフィリエイト広告として出稿する広告主が存在すること。しかしそれは昔のことであり、現在はそういった広告主がいることはまれだ。それでも、万が一、悪質な商材を紹介してしまうと、知らないうちに自分も悪徳商法に加担したことになってしまう。**事前に広告主や商材の情報はチェックしておこう。**

また、「すぐに大金を稼げる」と謳うような、高額のアフィリエイトセミナーや塾にも注意したい。法外な受講費などを請求されることもある。

いずれも、甘い話に安易に乗らなければ避けられるトラブルだ。

## アフィリエイトは怪しくない!

**アフィリエイトは大手企業も行っている**
アフィリエイトはインターネット広告であり、マーケティング手法のひとつ。誰もが知っている有名な企業もアフィリエイト広告を提供している。

**無理に商品を購入させるものではない**
アフィリエイトはアフィリエイターが訪問者に対して自分がよいと思った商材を紹介するものであり、購入や申し込みを強いるものではない。訪問者はアフィリエイターの記事を読んで、自分の意志で購入や申し込みを行う。

**アフィリエイトで生計を立てている人もいる**
アフィリエイトは1999年から始まった広告システム。長い期間をかけて収益を上げ、アフィリエイトのみで生計を立てている人も多くいる、歴史のあるれっきとしたビジネス。

**悪質な業者はASPがしっかり判断してくれる**
アフィリエイトには、詐欺などを目的とする悪質な広告主がいないというわけではない。しかし、ASPは企業との提携前にきちんと審査を行うため、アフィリエイターが被害に遭うことはほとんどない。

SECTION 02

基本

# 確実に収益を上げるための心構え

## コツコツ続けてこそ大きな成果が期待できる

手軽に行えて安全なビジネスであるアフィリエイト。自分もぜひ始めてみたいと思った人も多いだろう。だが、始める前に1つだけ肝に銘じておきたいことがある。それは、**アフィリエイトは決して「楽して大金が手に入る」ビジネスではない**、ということだ。

アフィリエイトでは、ブログやサイトの訪問者が、記事を読んで納得して、その商品やサービスを購入してくれることで初めて収益が発生する。つまり、ただ広告を貼り付けていれば自動的にお金が入ってくる、などという話ではないのである。

アフィリエイトで安定した収益を上げるためには、記事のネタをきちんと選別し、わかりやすい文章を書いて、訪問者に納得してもらわなくてはならない。また、記事の定期的な更新や、サイトのメンテナンスも重要になってくる。慣れるまでは手間がかかるが、こういった努力を継続することこそが、収益へのもっとも近い道なのだ。

## 訪問者を納得させる努力が必要

ネタ探しも
重要！

・具体的な読者像を想定する
・リアリティのある体験談を書く
・読みやすい文章を心がける
・訪問者の知りたい情報を掲載する
・広告や画像の配置を工夫する
etc…

この商品は～
ほしい！

・工夫した記事を書くことで、初めて読者は興味を持ってくれる

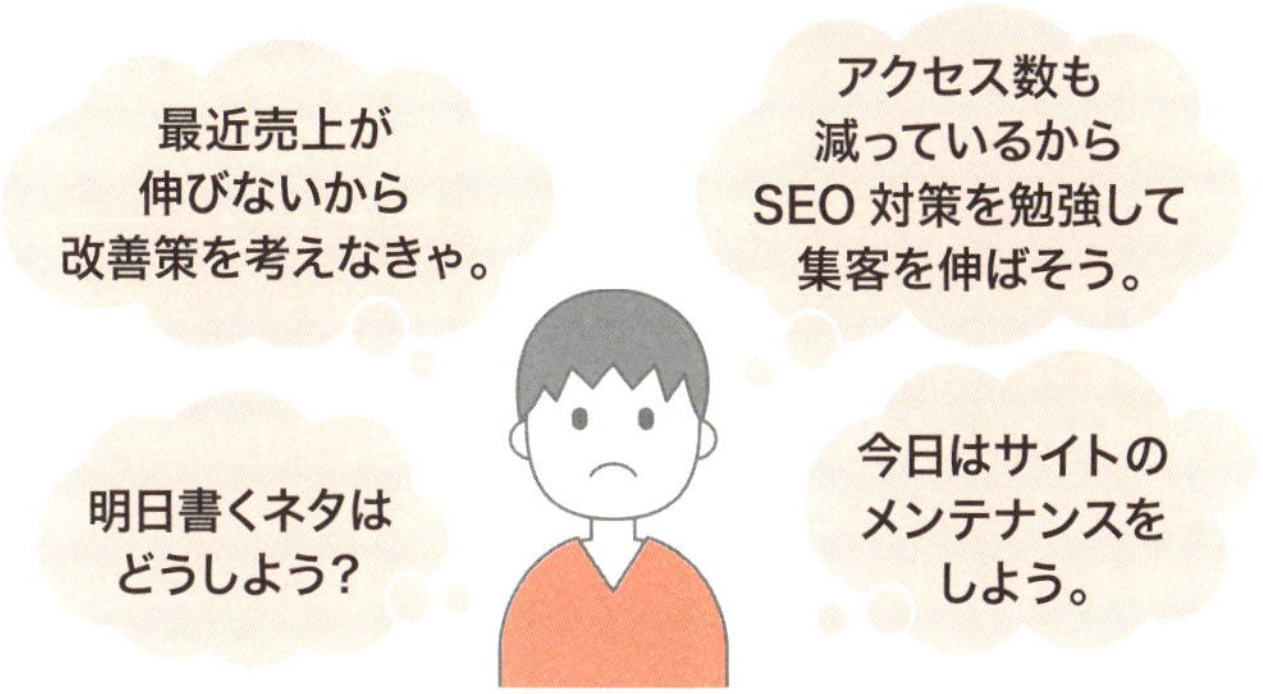
最近売上が
伸びないから
改善策を考えなきゃ。
アクセス数も
減っているから
SEO 対策を勉強して
集客を伸ばそう。
明日書くネタは
どうしよう？
今日はサイトの
メンテナンスを
しよう。

## アフィリエイト初心者にありがちな失敗ポイントとは？

アフィリエイトは楽に稼げるビジネスではない、とわかったところで、今度は、気を付けたい点を理解しておこう。初心者が失敗しがちなことはいくつかあり、これをあらかじめ知っておくだけでも、無駄な回り道をせずにアフィリエイトで成果を出すことができる。

まず、多いのが、**テーマ選びの失敗**。自分がどんなテーマで商品を選んで紹介したいか、最初に吟味しておかないと、内容のある記事が書けずに行き詰ってしまうことがある。記事の内容が薄くなると、収益にも結び付かない。

それから、**記事やサイトの作成に、あまりに時間をかけてしまう**こと。もちろんこだわることは大切なのだが、数をこなすうちに身に付いていくものもある。一定以上のクオリティになれば問題ないので、まずは記事の数を増やすことに注力しよう。

そして、初心者がアフィリエイトを辞めてしまうのにもっとも多い理由が、**「思ったように稼げない」**というもの。始めたばかりはついつい結果を求めてしまうものだが、**最低でも半年は根気よく続けてみよう**。それでも結果がついてこない場合は、思い切ってサイトを作り直してみたり、テーマを変えたりするとよいだろう。

## 初心者が失敗しがちなこと

**楽に稼ごうと考えている**
楽に稼げるものだと勘違いし、軽い気持ちでアフィリエイトを始めてしまう。

**テーマ選びの失敗**
安易な理由で自分に合わないテーマを選んでしまうと、更新が続かない。

**内容が薄い**
テーマの選定ミスやリサーチ不足から、記事の内容が薄いものになってしまう。

**時間をかけ過ぎる**
最初からデザインやコンテンツを作り込む必要はない。初心者はまずはサイトの見やすさに気を付けていれば問題ない。

**すぐに結果を求める**
1、2ヶ月アフィリエイトを続けたからといって、すぐに収益が上がるわけではない。まずは半年続けて様子を見たい。

**更新を怠る**
サイトや記事の更新を怠るのは、継続が第一のアフィリエイトではいちばんNGなこと。

更新履歴
2016.12.12
2017.01.13
2017.06.24
2018.02.08
2018.03.14
……

SECTION 03

# これさえ押さえれば大丈夫！アフィリエイト必勝のポイント

基本

## 訪問者はどうして広告をクリックしてくれるのか

ここまで読んで、「アフィリエイトは取っ付きづらい」と思ってしまった人もいるかもしれない。しかし基本さえ押さえていれば、そんなに難しく考える必要はない。ここでは、初心者がアフィリエイトを始めるにあたって、これだけ押さえておけば大丈夫、という2つのポイントを紹介する。

そもそも訪問者はどうして広告をクリックしてくれるのか？　と考えてみよう。それは、訪問者が記事を読み、その内容に納得し、自分も商品やサービスを試してみたいな、と思ったからだ。つまり、**広告は決して商品を売り付けるための道具ではなく、訪問者が商品にたどり着くための入り口なのである**。

では、どうしたら訪問者にそのように感じてもらえるのか。そのためには、記事の内容が訪問者にとって有益で、詳しいものではなくてはならない。そしてそのような記事を書くために重要なのが、**「テーマ選び」**と**「コンテンツ作り」**なのである。

## 訪問者に有益な情報を提供する

食べる量を減らせば、
運動をしなくても痩せます！
☆私のおすすめ通販サイト
お取り寄せ
グルメ

ダイエットの記事なのに
何で食品の広告…？
記事の内容自体も
あまりよくない…。

・テーマとコンテンツが合っていない

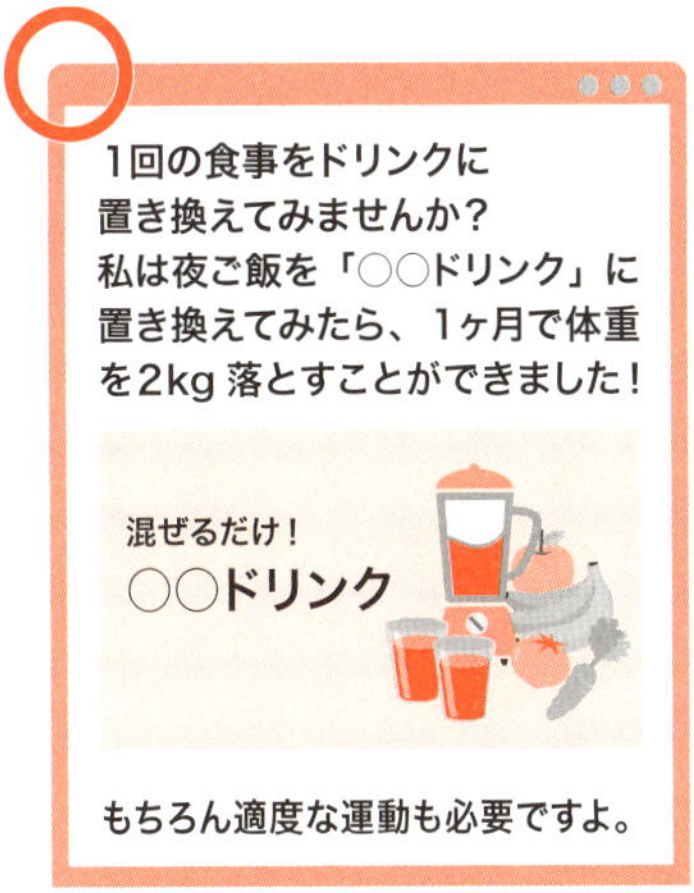
1回の食事をドリンクに
置き換えてみませんか？
私は夜ご飯を「○○ドリンク」に
置き換えてみたら、1ヶ月で体重
を2kg 落とすことができました！
混ぜるだけ！
○○ドリンク
もちろん適度な運動も必要ですよ。

手軽なダイエットは
置き換えがよいんだ！
情報をもっと知りたいし
広告も見てみよう。

・テーマもコンテンツもしっかりしている

## 大切なのは自分のサイトで扱うテーマ選び

では、まずは「テーマ選び」のコツから解説しよう。**テーマとは、自分のブログやホームページで扱う商品のテーマ**のことだ。それによって扱う商品や記事の内容も変わってくる。とくにテーマを決めずにさまざまな商品を紹介するアフィリエイトサイトもあるが、初心者は、1つのテーマに絞って運営していくほうがよいだろう。

テーマ選びで重要なのは、「需要」である。あまりに人気があり過ぎてライバルが多いテーマも難しいし、マニアック過ぎるテーマも避けたい。**需要があるテーマの中から、もう少し範囲を絞っていく**のがおすすめだ。

もちろん、人気のあるテーマを選んだからといって、そのテーマについての知識が何もなければ、記事の内容にリサーチ不足が表れてしまう。全体的に内容の薄いサイトでは、せっかく来てくれた訪問者を逃すことになってしまうだろう。ただ単に需要のあるなしで選ぶのではなく、**どんなテーマなら自分は興味を持てるか、人に負けない知識があるか**、考えてみたい。失敗しないテーマの選び方は、2章で詳しく解説する。

## テーマは自分に合うものを選ぶ

「人気のテーマだから書きやすいだろう」「マニアックなテーマだから競争率が低いだろう」といった安直な考えでテーマを決めるのはやめよう。

テーマは、自分が好きなものや興味のあるもの、モチベーションを維持して記事を書けると思うものを選ぶのがベスト。

## 質の高いコンテンツ作りも重要

扱うテーマを決めたら、次に求められるのは**質の高いコンテンツ**だ。コンテンツとは、サイトの情報や中身のことを指す。ブログでいえば商品を紹介する記事のことである。

よいコンテンツを作るためには、テーマと同じくリサーチが必要。商品の使い方やノウハウを伝える記事の場合は、自身の憶測やかんたんな下調べで書いてしまうのはNG。広告主のホームページや商品のランディングページで情報を集め、自分の言葉でわかりやすく文字に起こそう。**正しい知識を訪問者に提供することも、商材の魅力を伝えるアフィリエイターの役目なのだ**。

また、よい内容の記事が書けても、読みづらかったら意味がない。文字ばかりがずらずらと連なっていたり、逆に画像ばかりだったりしては、訪問者も最後まで読まずにサイトから離れていってしまう。**コンテンツを訪問者にストレスなく最後まで目を通してもらうことが、広告クリックすなわち収益への第一歩であるといえる**。そのためには、文章・画像・広告のレイアウトを意識することが不可欠なのだ。

収益につながりやすい記事の書き方、広告と文章の黄金比など、質の高いコンテンツの作り方は3章を参考にしてみよう。

## 質の高いコンテンツを作るためのチェックポイント

1. 訪問してくれたユーザーにとってタメになるような有益な情報があるか。間違った情報や曖昧な情報を書いてしまっていないか（88～91ページ参照）。

2. 読者ターゲットを把握し、それに合ったコンテンツになっているか（92～97ページ参照）。

3. 記事の内容は主観と客観で書き、比較などもきちんとできているか。商品のよいところばかりを書いて偏った内容になっていないか（98～103ページ参照）。

4. テンポよくまとまり、適度に改行や見出しが挿入された読みやすい文章になっているか（104～109ページ参照）。

5. 広告や画像の数、テキスト量のバランスはよいか。訪問者を疲れさせてしまったり、不快にさせてしまったりするようなレイアウトになっていないか（110～115ページ参照）。

6. 写真のクオリティに問題はないか。広告主のサイトやほかのアフィリエイトサイトの画像を無断で使用していないか（116～119ページ参照）。

SECTION 04

基本

# 自分に合ったアフィリエイトのスタイルを見つける

## アフィリエイトの3つのパターンを把握する

アフィリエイトには、代表的な3つのパターンがある。一般的に成功しているアフィリエイトサイトは、この3つのうちいずれかに当てはまっていることが多い。自分にはどのスタイルのアフィリエイトが合っているのかを考えてみよう。

1つ目は「情報比較型サイト」。同じジャンルの商品やサービスを、価格や性能、口コミなどで比較・ランク付けした情報を提供するサイトだ。多くの情報を網羅する詳しさ、見やすくてわかりやすいサイトビジュアルなどが求められる。

2つ目は「コンテンツ型サイト」。美容やファッション、旅行など、1つのテーマに特化して掘り下げるサイト。専門的なテーマを扱うため、手堅い需要が見込める。

3つ目は「体験・レビュー型サイト」。アフィリエイター自身が購入した商品、サービスをレビューするサイト。商品の数だけネタが尽きないので、更新しやすいことがメリットでもある。

## アフィリエイトの3つのパターン

●情報比較型サイト
同じジャンルの商材を比較し、ランク付けした情報を提供。

「BENRISTA」
(http://card.benrista.com/)

●コンテンツ型サイト
1つのテーマの情報のみを発信する専門的なサイト。

「ここトラベル」
(https://cocotravel.net/)

●体験・レビュー型サイト
購入した商品のレビューなどをブログ形式でまとめたサイト。

「チョコログ.com」
(https://チョコログ.com)

## 初心者は体験・レビュー型サイトから始めてみる

情報比較型サイトやコンテンツ型サイトは、専門的な知識やハイクオリティなコンテンツを求められるため、アフィリエイト初心者にはあまり向いていない。初心者には、まずは**継続しやすい体験・レビュー型サイトからスタートしてみる**ことをおすすめする。

本書では以降、体験・レビュー型サイトで解説を進めていく。このタイプは無料ブログサービスでも手軽に始めることができる。もちろん、本格的にホームページを作り込んでいってもよい。

なお、ここまで紹介したアフィリエイトのスタイル以外にも、**「雑記ブログ」**という形もある。これはとくにテーマを絞らずに、日常生活の中で気に入った商品やサービスを紹介していくスタイルだ。さまざまな話題を自由に書くことができるメリットはあるが、そのブログを運営するアフィリエイター自身にファンが付かなければ、収益を上げることは難しいだろう。初心者はテーマを絞ったほうが確実だ。

なお、商品のレビュー記事を書く場合、ＡＳＰの**「セルフバック」**という機能を使うことで、商品をお得に購入することができる（１３６ページ参照）。これも、レビュー型のアフィリエイトが初心者に向いているといえる特徴のひとつだろう。

## 体験・レビュー型サイトは初心者におすすめ

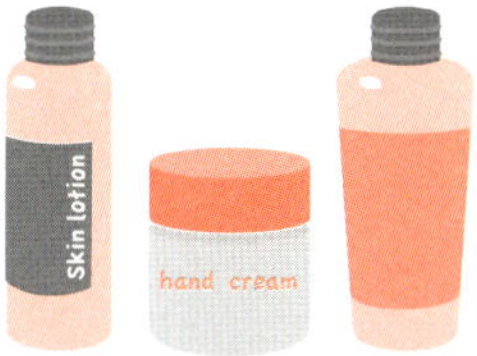
Skin lotion
hand cream

提携した広告主の商品を実際に使ってみる

使ってみた
ありのままの
感想をわかりやすく
書くだけ！

**SUMMARY**

商品のレビュー記事を書く場合は、ASPの「セルフバック」というサービスで「自己アフィリエイト」を行って商品を購入すると、報酬を得ることができる（136ページ参照）。

SECTION 05

# 目標を立てて効率よく収益を増やす

基本

## 目標を立ててモチベーションを維持する

アフィリエイトは、無計画にただ記事を更新するだけでは成果は出ない。アフィリエイト初心者は、最初に「どれくらいの期間」で「どれくらいの収益」を目指すのかという目標と、その目標を達成するまでの過程を明確にしておこう。

初心者は、つい「百万円以上稼ぐ」「毎月本業以上の稼ぎを得る」などといった、大きな目標を立ててしまいがち。しかし、初めから高額な収益を上げるのは難しいということは、これまで解説した中で理解できただろう。モチベーションの維持のためにも、まずは無理のない範囲で目標を設定し、達成感を得ながら少しずつステップアップしていくことを繰り返そう。

たとえば、「半年以内に五万円を売り上げる」という目的を決めたとする。そうしたら、その目標を達成するために、どういうことをしたらよいのか。次はそのプロセスを決めていこう。

半年以内に五万円の収益を目指すなら、おおよそどれくらいのアクセス数を集めればよいのか。たとえば、まずは1日100PV（ページビュー）を目指すとしよう。そうしたら、今度は1日にどれくらいの記事数を更新するか考える。スタートしたばかりのサイトはなかなか認知してもらえないので、記事の数は重要だ。初めのうちは1日に2記事、そのあとも1日1記事は更新することにする。そう考えると、記事のネタはあらかじめ用意しておいたほうがよいだろう。ではまずネタを10個程度は用意する…というように、**具体的な数値に落とし込む**ことで、効率よくアフィリエイトをスタートすることができるのだ。

## アフィリエイト成功のための目標の立て方

モチベーションが低下してしまうような
無理な目標は設定はしない

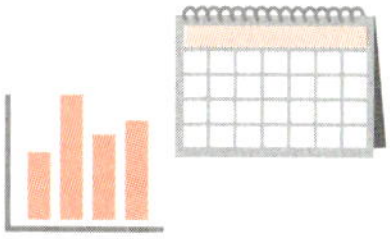

目標を達成するための
「期間」「数字」「過程」を明確にする

SECTION 06

基本

# アフィリエイトを始める流れ

## まずはテーマを決めて記事の作成

アフィリエイトについて理解を深めることができたら、さっそくアフィリエイトをスタートしてみよう。

最初に行うべきことは、アフィリエイト用のサイトの用意だ。難しい操作を行わなくても、**無料ブログサービスで充分なブログを作ることができる**（42ページ参照）。

登録が完了したら、どのテーマをメインに扱うのかを決めよう。テーマをはっきりさせておかないと、このあとASPの審査用に作成する記事で何を書いてよいのかわからなくなってしまうため、ここは非常に重要なポイントだ。

次に、ASPの審査を通過するための記事の作成に取りかかろう。ASPは、**「アフィリエイトにふさわしいサイトであるか」**という審査を行う。とりあえず書いただけの記事では審査落ちしてしまう可能性があるため、できるだけ情報量が多い記事を作成しておこう。

## アフィリエイトをスタートする①

**1 サイトを用意する**

アフィリエイト用のサイトを開設しよう。初めは無料のホームページ作成サービスやブログ作成サービスで問題ない。

**2 テーマを考える**

自分がアフィリエイトを続けやすいと思うテーマを決める。自分が何が得意なのか、何が好きなのか、何に興味があるのかを考えてみよう。

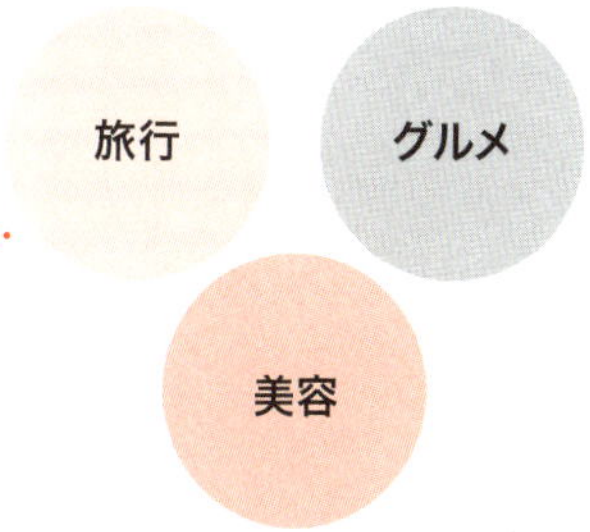


**3 記事を書く**

ASPの登録審査に備えて、記事を10本程度用意しておく。決めたテーマに沿った内容で、500文字ほどの記事を意識しよう。

## ＡＳＰへの登録を行い、広告を掲載する

審査のためのサイトと記事が用意できたら、次はＡＳＰの審査登録だ。サイトの内容や記事の質などが審査され、ほとんどが当日または翌日に結果が届く。

審査を無事に通過することができたら、**ＡＳＰのプログラムから気になる広告を探してみよう**。紹介したい商品の広告を見つけたら、広告主に提携の申し込みを行い、広告コードを取得する。その商品を紹介する記事に自然な形で広告コードを貼り付けて、成果が出るのをじっくり待とう。数をこなせば、掲載の仕方にも慣れていくはずだ。

この際、広告主のサイトの文言をそのままコピーしたり、広告に手を加えたりすることは禁止とされている。**「文章は自分の言葉で書く」**、**「広告は提供されたものをそのまま使う」**ということをしっかり認識して記事を作成するのが鉄則だ。

アフィリエイトに慣れて少しずつ収益が上がるようになってきたら、**一度自分のサイトを見つめ直してみよう**。このときのチェックポイントは、「訪問者にとって見やすいデザインか？」「不必要なコンテンツはないか？」「集客をアップさせるためには何ができるか？」など。これらを考えてメンテナンスや拡張を行うと、よりよいサイトに進化させることができるだろう。

## アフィリエイトをスタートする②

**④ ASPに登録・審査する**

各ASPの特徴やメリットを見て、自分に合ったASPを選ぼう。なお、登録時にサイトの審査が必要ないASPもある。

A8.net
afb
VALUECOMMERCE

**⑤ 広告を記事に掲載する**

審査に通過したら、掲載したい広告を見つけて広告コードを取得し、コードを記事に貼り付ける。訪問者がその広告をクリックし、商品購入やサービス利用などの成果につながるのを待とう。

**⑥ メンテナンスや拡張を行う**

ある程度の成果が出るようになったら、デザインを見やすいものに変えてみたり、コンテンツの拡張をしたりと、よりよいサイトにするためのメンテナンスをしよう。

SECTION 07

# アフィリエイト用のサイトの作り方

基本

## アフィリエイトは無料ブログかWordPressで行う

アフィリエイト用のサイトを作ろうと思ったとき、多くの人がどうやって作ればよいか悩んでしまうだろう。世の中にあるアフィリエイトサイトは、「無料ブログ作成サービス」か「WordPress」で作られているものがほとんどだ。

無料ブログ作成サービスは、「livedoor Blog」や「FC2ブログ」、「はてなブログ」といった有名どころがおすすめだ。アフィリエイトとは関係なく、個人的なブログを書くのに利用しているユーザーも多い。

WordPressは、企業や公共機関など幅広く利用されているホームページ作成サービスだ。しかし、運営するうえでは独自ドメインやレンタルサーバーなどの費用がかかってしまう。

では、この2つの方法にどういった違いがあるのか？　次からは、それぞれの特徴について解説していく。

## 無料ブログ作成サービスとWordPress

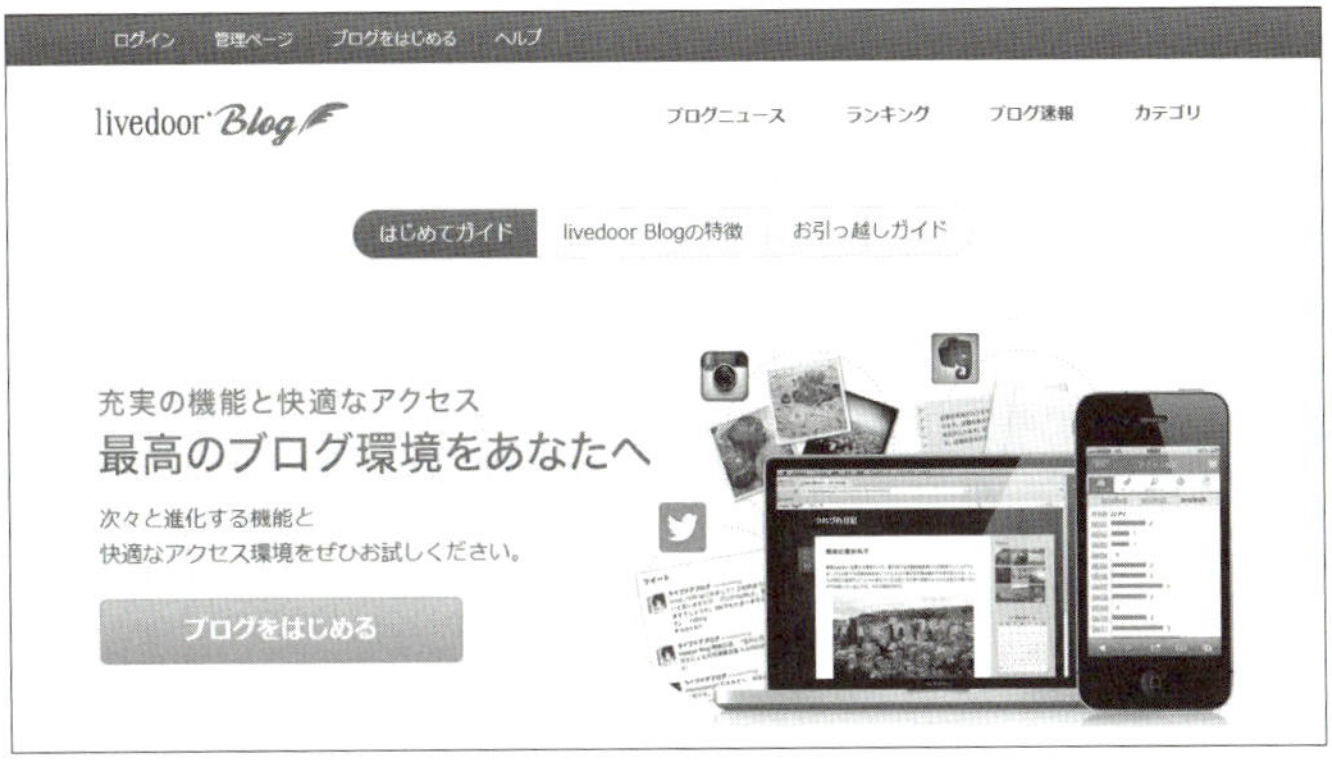


●livedoor Blog　http://blog.livedoor.com/
シンプルながら機能が充実したブログサービス。スマートフォンからの投稿・閲覧にも完全対応。

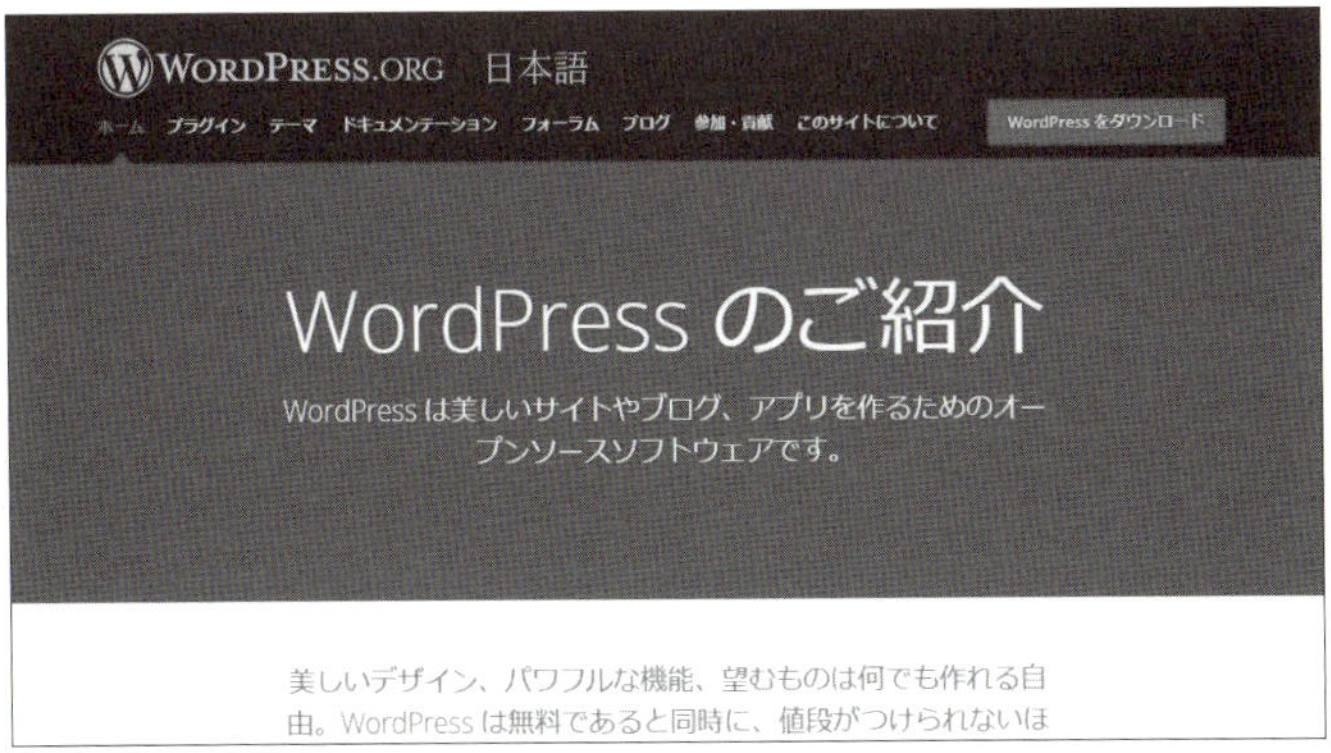


●WordPress　https://ja.wordpress.org/
世界でも人気のホームページ作成サービス。デザインも豊富でカスタマイズしやすい。

## 手軽に行うなら無料のブログサービス

無料ブログ作成サービスの魅力は、何といっても**誰でもかんたんにブログを作れる手軽さ**にある。初期投資をかけることなくアフィリエイトをスタートできるのは非常に嬉しいメリットだ。アフィリエイトをやってみて、「このままでは成果が上がらないから心機一転のために別のブログを立ち上げたい」と思う人もいるだろう。そんなときも、無料で作成したブログであれば、損をした気持ちになることはない。

それ以外にも、無料ブログはユーザーの目に留まりやすいという特徴がある。通常、自分のサイトを検索結果の上位に表示させるには大変な労力がかかるもの。しかし、**集客力の高いドメインを持つ会社のブログサービス**を利用すれば、個人のブログでも上位表示に期待が持てるのだ。また、自分でサーバーを管理する必要もないため、セキュリティ面でも安心といえる。

ただし、無料ブログはアフィリエイトができなかったり、画像などの容量が制限されているサービスがあったりする。そのほかにも、アフィリエイトとは関係ない広告が表示されてしまう場合がある。無料ブログでアフィリエイトを始める人は、規約や条件などをしっかり確認したうえで、サービスの登録をしよう。

## 無料ブログサービスのメリットとデメリット

| | |
|---|---|
| メリット | ・無料でかんたんにブログが作れる<br>・専門知識がなくても運営できる<br>・セキュリティ面も安心<br>・検索結果の上位に表示されやすい |
| デメリット | ・アフィリエイトの利用に制限があることもある<br>・容量が限られている<br>・独自ドメインが使えない<br>・サービスのメンテナンス中は更新ができない<br>・突然サービスが終了してしまう場合がある |

※利用するサービスによる

## アフィリエイトOKの無料ブログ作成サービス

- livedoor Blog　http://blog.livedoor.com/
- FC2ブログ　https://blog.fc2.com/
- はてなブログ　http://hatenablog.com/
- Seesaaブログ　http://blog.seesaa.jp/
- So-netブログ　http://blog.so-net.ne.jp/
- ファンブログ　https://fanblogs.jp/

Amebaブログはアフィリエイト禁止。
楽天ブログは、楽天アフィリエイトの広告のみ掲載が可能。

## じっくり作り込むならＷｏｒｄＰｒｅｓｓ

機能性と自由度の高さから、世界中で利用されている「ＷｏｒｄＰｒｅｓｓ」。使いこなすことができれば、とても魅力的なホームページ作成サービスだ。

ＷｏｒｄＰｒｅｓｓには、「テーマ」と呼ばれるサイトデザインのテンプレートがあり、その中にはアフィリエイトに最適なテーマも存在する。テーマを選ぶ際のポイントは、「ＳＥＯに強い」「カスタマイズしやすい」「スマートフォン対応」などだ。好みのデザインのテーマを見つけたら、アフィリエイトに向いたテーマなのかを確認してみよう。

そして、ＷｏｒｄＰｒｅｓｓの最大の特徴は、「プラグイン」というサイトの機能を拡張するプログラムが用意されていることだ。検索エンジン向けのサイトマップを作成してくれる「Ｇｏｏｇｌｅ ＸＭＬ Ｓｉｔｅｍａｐｓ」、スパムコメントを自動判定してくれる「Ａｋｉｓｍｅｔ」など、さまざまな種類のプラグインがあるので、自分のサイトにほしい機能を追加しよう。

無料ブログ作成サービスと大きく違う点は、**ドメインとサーバーを自分で用意しなければいけない**ということ。ＷｏｒｄＰｒｅｓｓの登録自体は無料だが、ドメインの取得とサーバーの契約は費用が発生するので注意しよう。

## WordPressのメリットとデメリット

| | |
|---|---|
| メリット | ・プラグインで自由にカスタマイズできる<br>・テンプレートが豊富でデザイン性がある<br>・独自ドメインで運営ができる<br>・削除されるリスクが少ない |
| デメリット | ・独自ドメイン費とレンタルサーバー費がかかる<br>・セキュリティ対策が必要<br>・ソフトウェアの更新を行わなくてはいけない<br>・問題が起こったときに解決するのに専門的な知識が必要となる場合がある |

## WordPressの豊富なテーマ

## 無料ブログとＷｏｒｄＰｒｅｓｓはどちらがよい？

無料ブログとＷｏｒｄＰｒｅｓｓ、それぞれにメリットとデメリットがあるということがわかったところで、結局はどちらのサービスを使うべきなのか。どちらを利用するかは、**自分のスキルや要望**によって見極めよう。

パソコンの操作があまり得意ではない人、費用をかけずにアフィリエイトを始めたい人、細かい部分のサポートを求める人は、無料ブログがおすすめ。まずは無料ブログから始めてみて、サイトのデザイン性や機能に物足りなさを感じてきたら、ＷｏｒｄＰｒｅｓｓに移行してみるのもひとつの方法だ。

サイトの作成に関するＨＴＭＬやＣＳＳの知識を持っている人、自由度の高いサイトを作りたい人、アフィリエイトを長く続けていきたいという人は、ＷｏｒｄＰｒｅｓｓがよいだろう。ＷｏｒｄＰｒｅｓｓは「ドメインもデザインも自分だけのオリジナル」という愛着がわくため、モチベーションの向上にも有効だ。

**どのサービスを使っても、アフィリエイトが成功するか失敗するかはそのサイトの運営者次第**。アフィリエイトはビジネスであることを意識して取り組む姿勢が大事である。

なお、本書では無料ブログを利用したアフィリエイトの解説をしていく。

## 自分に合ったサービスを選ぼう

・パソコン操作が得意ではない
・あまりお金をかけたくない
・万全なサポート体制がほしい

という人は…

まずは無料ブログから始めよう。

・サイトデザインにこだわりたい
・アフィリエイト以外の広告を表示したくない
・HTMLやCSSの知識がある

という人は…

アフィリエイト成功後も長く続けられるWordPressで始めよう。

COLUMN

## SNSでアフィリエイトは行えるのか

TwitterやInstagramなど、自分のフォロワーが多いSNSでアフィリエイトは行えないのか？　と考える人もいるだろう。各SNSでは、アフィリエイトリンクを直接掲載して商品を宣伝する行為は、あまり好ましくないとされている。SNSをアフィリエイトに活用したいのであれば、自分のブログやホームページを、SNSに連携させてみよう。連携設定を行うと、記事の更新時にほかのSNSでも自動的に投稿されるため、フォロワーを自分のブログやホームページに誘導することができる。利用できるツールはどんどん使って、訪問してくれるユーザーを集めよう。

### ●外部サービスとの連携（livedoor Blog）

# 2章

# 絶対に失敗しない
# テーマ&商品選びのコツ

SECTION 08

基本

# 目指すはその分野でいちばん詳しい「専門」サイト

## テーマを絞った専門サイトの作成がおすすめ！

この章では、「テーマ」の選び方について、解説していく。1章でも解説してきたように、アフィリエイトにおいてテーマの選定は非常に重要だ。雑多なテーマを扱うサイトよりも、**1つのテーマに絞って運営するサイト**のほうが、アクセス数も集めやすく、また広告もクリックされやすい。

また、1つのテーマに絞ったサイトにはそのテーマに関する記事が集まり、結果としてサイト全体にキーワード（76ページ参照）が多く含まれることになる。すると、**検索エンジンでの検索結果でも上位に表示されやすくなりアクセス数も増える**のだ。

また、特定のテーマに絞ったサイトなら、そのテーマに興味を持ち、何かを探している人が集まる。そういった訪問者は、記事の内容に納得すれば商品をほしいと思う確率も高く、収益につながる可能性も上がるわけである。

では、どのようにテーマを決めていけばよいのだろうか？

## 専門サイトのメリット

・アクセスが集まりやすい

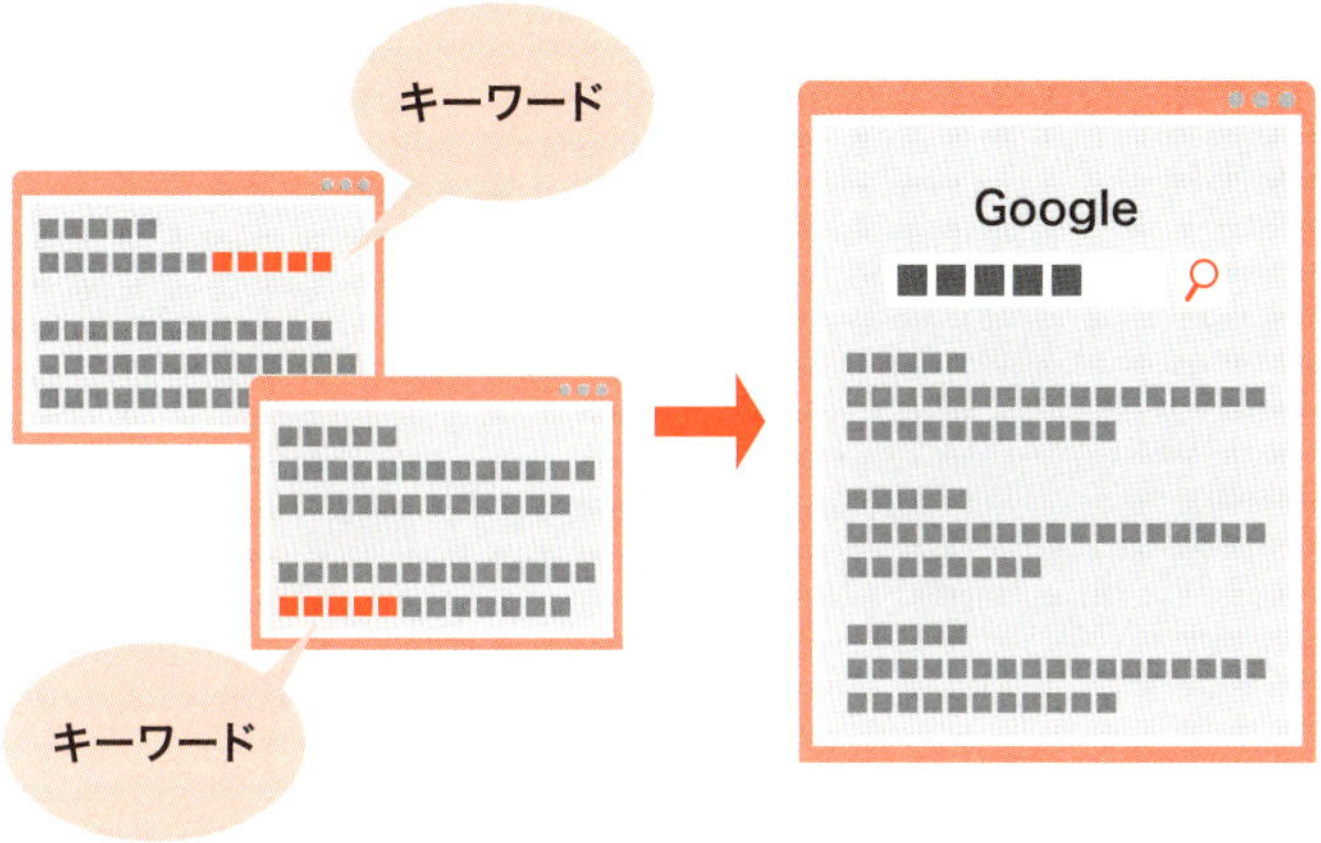


・訪問者が商品を購入しやすい

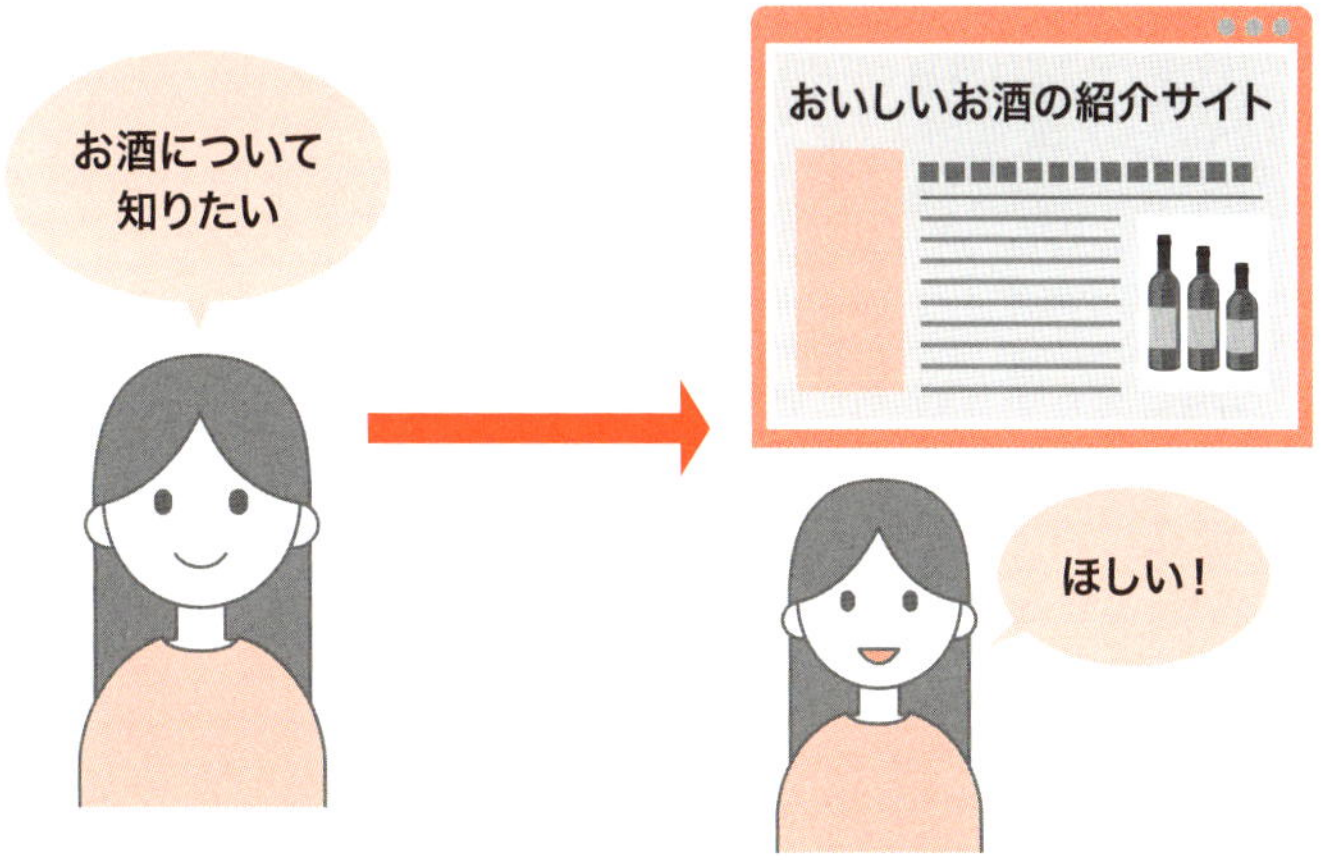

## まずはアフィリエイトサイトで扱うテーマを決める

ブログやサイトのテーマを決めるにあたって、商品からテーマを決めるか、それともテーマから商品を決めるか、という問題がある。商品からテーマを決める場合、サイトに貼りたい広告の商品を先に決めて、それらを違和感なくクリックしてもらえるような内容の記事を作成するというやり方だ。一方のテーマから商品を決める場合では、初めにサイトのテーマを決め、そのテーマに関する記事を考え、記事の内容に合った広告を選んで貼る、というもの。どちらのやり方にもそれぞれメリットがあるが、本書では**テーマを決めてから商品を選ぶ方法をおすすめ**したい。

商品ありきの場合、ひとつひとつの記事は問題なく作成できても、サイト全体で見ると、ちぐはぐな印象になってしまうことがある。テーマがはっきりしていないと、商品選びの基準もブレてしまいがちなのだ。反対にテーマから商品を決めるやり方の場合は、サイトの軸が特定のテーマということもあり**ブレもなく、統一感のある記事作成が行いやすいだろう**。

初めはざっくりとでもよいので、**まずはサイトで扱うテーマを決める**ようにし、そのあとに商品を選ぶようにしよう。

## テーマと商品、決めるのはどちらから？

・不自然な記事になりがち
・サイト全体がちぐはぐな印象に
・長く続きにくい

・テーマがサイトの軸となり、記事にブレが出ない
・記事が作りやすい
・長続きする

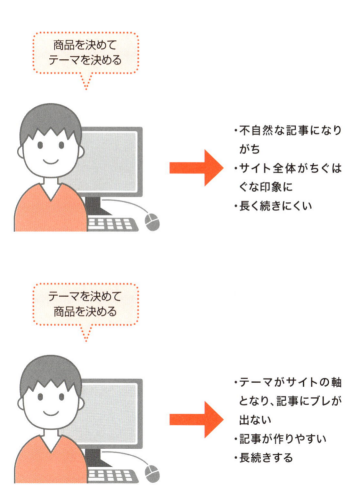

## アフィリエイトで定番のテーマや商品とは

しかし、いきなりテーマを決めろといわれても、迷ってしまう人も多いだろう。そこで、ここでは初心者にもおすすめな、アフィリエイトでの定番のテーマを紹介する。迷ったときの参考にしてほしい。

アフィリエイトサイトで**鉄板テーマといえば、「美容・健康系」**だ。化粧品や美容グッズ、エステ予約などといった、美しくなるための商品のほか、スポーツジムへの入会やダイエットや健康に関する食品・グッズ、サプリなどの商品もある。

また、女性をメインのターゲットとする**「恋愛・結婚系」**のテーマも人気だ。たとえば婚活サイトや街コンサイトの会員登録、ウェディング会場予約、ベビー用品などがある。さらに、ファッションをテーマにしたアフィリエイトサイトも多い。

ほかにも、宿泊・航空券・レンタカーの予約などを扱う**「旅行系」**、生活雑貨や家具、ネットスーパーや食事デリバリーなどの**「生活系」**、FXやクレジットカード登録の**「金融系」**、転職サイトや資格・語学の教室や教材などの**「仕事系」**、レンタルサーバーやドメインサービス、ネットプロバイダーへの登録、格安SIMといった**「IT系」**なども根強く人気だ。

## アフィリエイトでよくあるテーマと商品

| | |
|---|---|
| 美容系 | 化粧品、スキンケア商品、美容グッズ（美顔器、美顔ローラーなど）、ヘアケア商品、ボディケア商品、エステ予約、脱毛グッズなど |
| 健康系 | 健康グッズ（血圧計、体重件、万歩計など）、健康食品、ダイエットグッズ、ダイエット食品、スポーツジム入会など |
| 恋愛系 | 婚活サイト登録、街コンサイト登録など |
| 結婚系 | ウェディング会場、二次会会場などの予約、指輪、新婚旅行、出産準備用品、マタニティ用品など |
| ファッション系 | ファッション通販サイト、ネットオークションサイトなど |
| 旅行系 | 宿泊施設予約、新幹線・航空券・高速バス予約、レンタカー予約、旅行パックプラン予約など |
| 生活系 | 生活雑貨、家具、インテリア、ネットスーパー、お食事デリバリーサービスなど |
| 金融系 | FX登録、クレジットカード、スマートフォン決済サービスなど |
| 仕事系 | 転職サイト、派遣サービス、バイト求人、資格スクール、資格教材、語学スクール、語学教材など |
| IT系 | レンタルサーバー、ドメイン登録、ネットプロバイダー、レンタルWi-Fi、パソコン販売など |
| エンタメ系 | 月額動画サービス、電子書籍、オンラインゲームなど |

SECTION 09

基本

# メジャーなテーマをニッチなポイントで絞り込む

## マイナーなテーマではなく、メジャーなテーマを選ぶ

54ページで紹介した定番テーマは、いずれもニーズの多い、メジャーなテーマといえる。もちろん、サイトを更新し続けるためにも自分が興味のあるテーマを選ぶことは重要だが、あまりにもニーズの少ないマイナーなテーマを選んでしまうと、アクセス数が伸びずに成果にもつながらないことがある。そのため、**ある程度はメジャーなテーマを選んだほうが、とくに初心者には安心だろう**。

しかし、難しいのは、それらのテーマにはすでに**参入者が山ほどおり、競合相手だらけであるということだ**。メジャーなテーマはアフィリエイトで儲けやすいテーマでもあるので、多くのアフィリエイターが選ぶのは当然といえば当然のこと。そこに何の戦略もなく初心者が参入しても、勝ち目はない。ではどうすれば、そのような状況でも、確実に収益に結び付けることができるのか。58ページから、その秘策について解説していこう。

## メジャーなテーマ・マイナーなテーマ

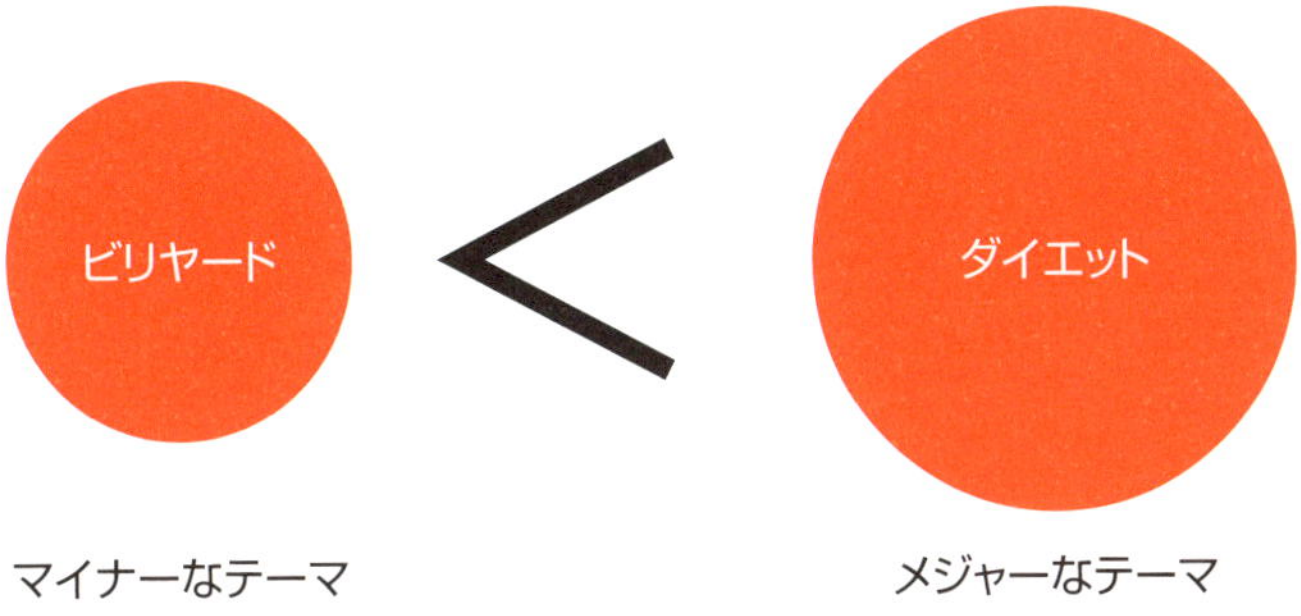


テーマはマイナーなものは避けることが鉄則。いくら自分が興味のあるテーマでも、選ばないほうがよいだろう。

## マイナーなテーマを避けるべき理由

**☑集客しにくい**
そもそも需要が少ないため、そのテーマを求めている人の数が少なく、サイトへのアクセス数が望めない。

**☑ASPで提供している商品が少ない**
メジャーなテーマであればさまざまな商品から選ぶことができるが、マイナーなテーマであると商品数が少なく、選択肢の幅も狭まってしまう。

## メジャーなテーマのニッチなポイントを狙う

メジャーなテーマで成果を出すための秘策は、**テーマの中でさらに「ニッチなポイントを突く」**ということだ。メジャーなテーマであればそもそも多くの需要があるので、ある程度絞り込んでも問題はない。それどころか、**ニッチがゆえに情報が少なく、潜在的な需要があるのだ。**「数多くあるメジャーなテーマのサイトの中で、**ほかのサイトよりもためになる**」と訪問者が判断してくれるような情報の発信を目指していこう。これができると、競合相手との大きな差別化にもなる。さらに、ニッチなテーマに関心のある人は熱心な場合が多いので、リピーターとなる可能性も期待できる。

ニッチなポイントに絞るコツは、**過去に経験したことや、趣味や特技で詳しいこと**などを選ぶとよいだろう。たとえばダイエットというテーマにおいて、グリーンスムージーで10キロ痩せたという経験があるのであれば、グリーンスムージーダイエットに関する記事を発信していこう。ニッチな内容ほど詳しい情報はなかなか見つけられないから、訪問者も興味を持つだろう。**経験に基づいたオリジナリティのあるコンテンツ**を用意できれば、メジャーなテーマでも充分に勝算があるのである。

## メジャーなテーマはニッチを狙う

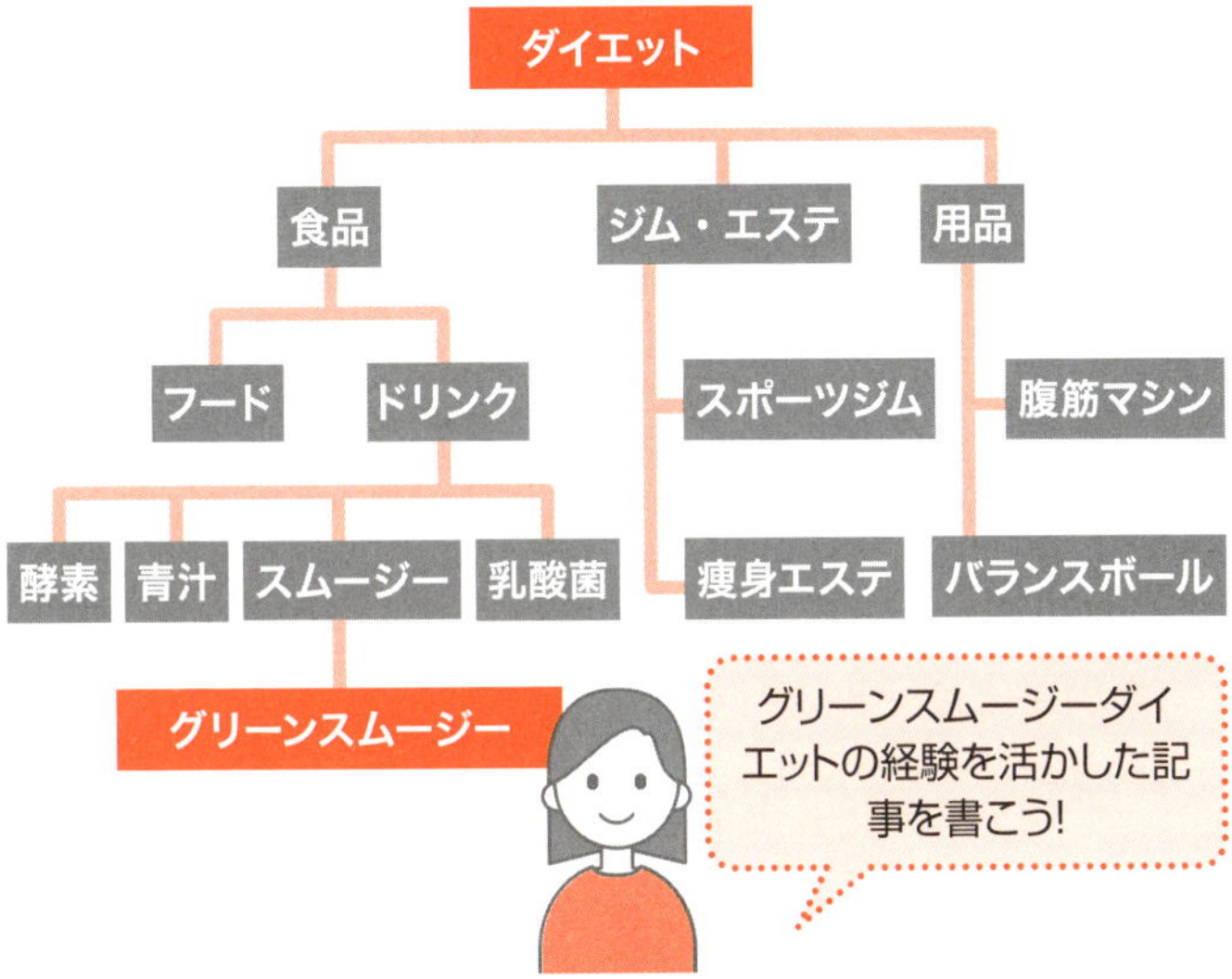


## この3つに該当するテーマだとなおよい

- 過去に経験したことがある
- 趣味の範囲内であり、知識がある
- 自分の特技である

SECTION 10

基本

# 「趣味」「経験」「特技」を活かしてオリジナリティあるサイトにする

## 自分の詳しい物事に着目してテーマを絞る

アフィリエイトのテーマを決めるにあたって、**自分の詳しい物事に着目する**ことも重要だ。詳しい物事や好きな物事であれば、記事の内容にも、自ずと深みや専門性が出てくるので、それが大きな武器となる。

また、アフィリエイトサイトでは、記事を頻繁に更新することが収益アップへの重要なポイントとなってくる。興味のないテーマについて記事を書いていては、継続的な更新は難しいだろう。好きなことについて書いていれば、記事のネタも途切れず、更新に困らない。

目立った趣味や特技はない、という人は、たとえば転職や引っ越しなど、**これまでの経験を活かせるようなテーマ**でも構わない。ほかにも、仕事で培った知識やなじみのある地域についてなど、何か自分が他人より詳しいものはないか、考えてみよう。

## テーマは自分が詳しい物事にする

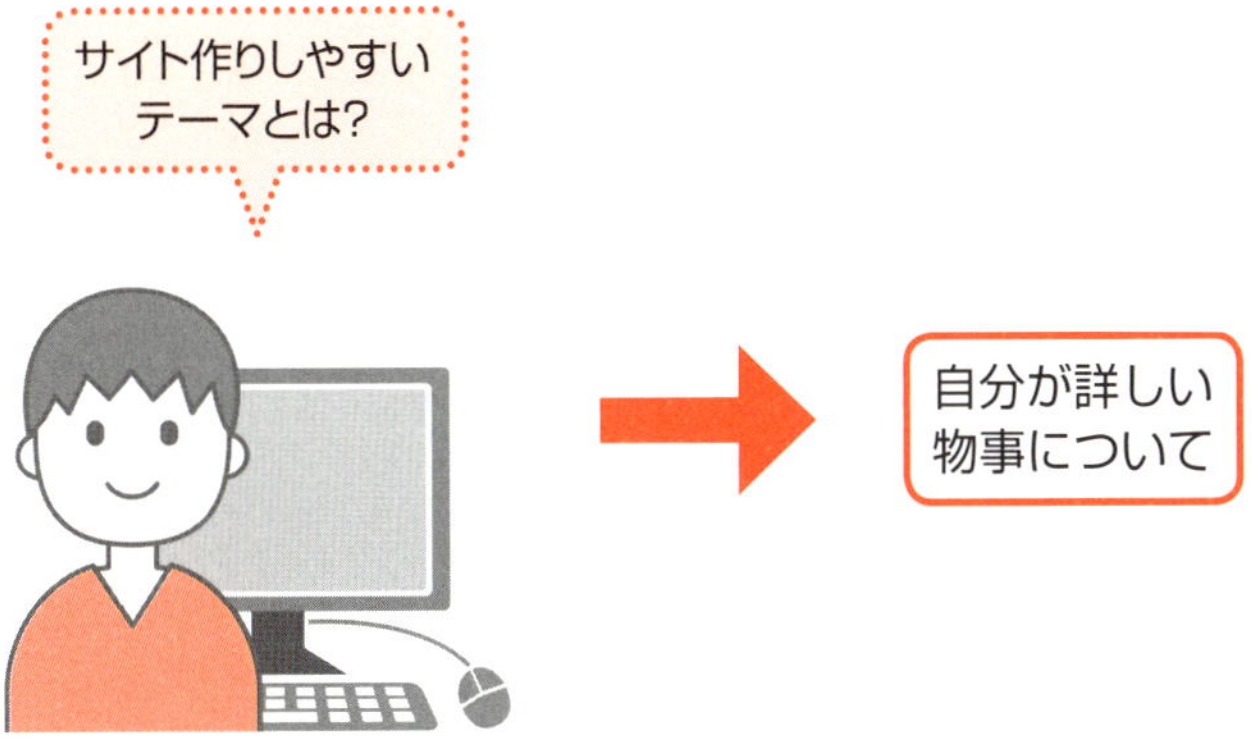


**たとえば……**

自分の趣味や特技
(ハンドメイドなど)

自分が過去に経験したこと
(子連れで家族旅行など)

## 趣味や特技を活かす例

では、実際に趣味や特技を活かしたアフィリエイトの記事の例を考えてみよう。

たとえば趣味でJリーグやプロ野球をよく見るという人は、毎試合前の見どころや試合後の感想、チームの状況について、各選手の見てほしいポイントなど、書けることはたくさん出てくるのではないだろうか。記事には試合のチケットやDVD、関連書籍、チームグッズなどの商品が紹介できる。あわせて遠方での試合にも行くという人はその土地の楽しみ方やよかったお店の体験談、現地で快適に過ごすための情報、おすすめの移動方法などを紹介することで、気の利いた便利グッズや高速バス、航空券、新幹線、ホテルなどの旅行系商品を取り扱うことも可能となる。

また、ハンドメイドを特技に持っている人であれば、作成したハンドメイド作品の紹介や便利なグッズ、販売する際のテクニック、プロのハンドメイド作家の作品紹介などの記事を作成し、ハンドメイド用品や関連書籍、販売プラットフォームに関する商品・サービスを紹介することができる。

このように、**趣味や特技を活かしたテーマ選びでほかのアフィリエイターと差を付けるのも、必勝テクニックであると**覚えておこう。

## 趣味や特技から記事を書く

### 例：「スポーツ観戦」に関する商品

試合のチケットの取り方、応援グッズ、バスや新幹線、ホテルなどといった旅行系商品の紹介…

チケット

応援グッズ

旅行パック

### 例：「ハンドメイド」に関する商品

自分のハンドメイド作品、実際に使っているハンドメイド用品の紹介、作品集やノウハウ本といった書籍、販売プラットフォームの紹介…

ハンドメイド用品

関連書籍

販売プラットフォーム

## 経験談をもとにサイトを作る

これまでに**自分が体験してきたことを記事として情報発信していく**、ということもほかのアフィリエイターと差を付けるひとつのテクニックだ。**生の声というのは必要としている人も多く**、テーマの絞り方次第では、大いに稼ぐことができる。体験した本人にしか書けない**オリジナリティある記事を作ることができる**からだ。

たとえば、「子連れで家族旅行」というテーマ。初めて子どもを連れて旅行へ行くといったときに、どのようなものを用意すればよいのか、子連れでも気兼ねなく楽しめる宿泊施設はあるか、一緒に楽しめる観光スポットの情報が知りたい、など、事前にどんな情報が求められているかを考えてみよう。それらの心配事や疑問点を解決するような記事を作り、そこでうまく関連商品や旅行系商品などを紹介することで、収益へとつなげることができる。

ほかにも、「引っ越し」をテーマにするのもよいだろう。見積から必要な手続き、荷造りや不用品の処分方法、新居での挨拶など、初めての人にはわからないことが多い。そういった点を体験談を交えてフォローする記事を作成しよう。引っ越し業者や段ボール、新生活に必要な家電や家具などの商品を紹介することが可能となる。

## 経験談サイトのポイント

不安な点、
疑問点を解決する

具体的な
内容を書く

話を盛らず
ありのままに

## 経験談サイトの一例

転職

ウェディング

資格スクール

ペットの葬儀

SECTION 11

# 「弱点」「コンプレックス」も人気のジャンル

基本

## 実は王道！　悩み系テーマで稼ぐ

誰もがひとつやふたつは持っているであろう弱点やコンプレックス。それらはたとえ信頼のおける知人や家族であっても、相談しにくい、相談できない、相談したくない内容であることがある。そういった悩みについて、インターネットで調べて解決策を探るという人は多いだろう。その点に着目し、**多くの人が検索する弱点やコンプレックスをテーマにして、解決するために有益な情報を提供するサイトを作成することでも、アクセス数を集めることができる**のだ。また、それら悩みの度合いが高ければ高い人ほど、真剣にサイトを読んでくれるので、**サイトへの信用度を高めることができれば、紹介する商品も多少高額であっても、購入される確率は上がる**。

弱点やコンプレックスの範囲も身体的なものから性格に関するもの、お金や仕事に関することなど幅広く存在する。ただし、稼ぎやすいテーマのため、参入者も多い。メジャーなテーマでニッチなポイントを見つけ出し、大きく稼ごう。

## 悩みの解決策はインターネットで探る人が多い

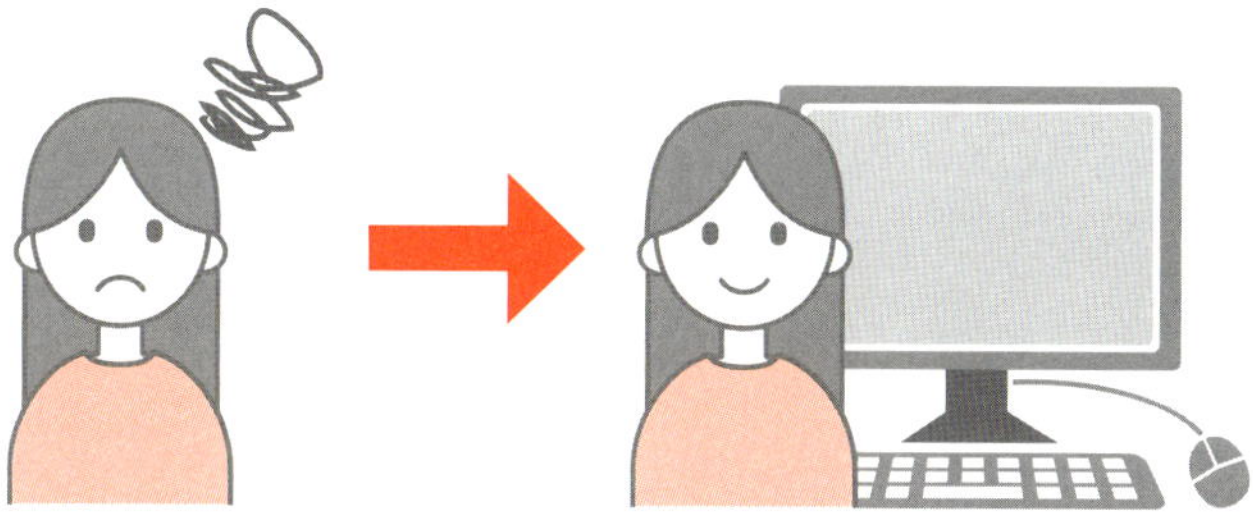

人には相談できない弱点やコンプレックスの解決策をインターネットで調べる人は多い。ここに着目して悩みをテーマにしたサイトを作成する。

## 悩みの種類

身体系

性格・人間関係系

仕事系

お金系

## 身体に関する悩みをテーマにする

弱点やコンプレックスにもさまざまな種類があるが、その中でもとくに多いのが、**身体にまつわるもの**だ。たとえば、自分の体型にコンプレックスがある、といったダイエットに関する悩みを持っている人は、男女ともに多数いる。次から次へと新しいダイエット方法が生まれ、新商品も続々と登場しており、マーケット規模の大きさが魅力的なテーマだ。

また、女性の場合、**くせ毛や剛毛、そばかす、ニキビ、バストサイズ**といった悩みやコンプレックスが挙げられ、さらに40代以降では**肌のシワやシミ**に対しての関心が高まる。これらのテーマでは美容グッズやエステ、サプリメント、スキンケア用品などの商品を紹介することができる。一方の男性にも弱点やコンプレックスとなるテーマはあり、**薄毛や低身長、体臭、ヒゲの濃さ、虚弱体質**などがメインとなる。こちらはエステや健康器具、洗髪剤、サプリメント、スポーツジムなどの商品紹介が可能だ。

これらの悩みをテーマにして、「そもそもなぜそうなるのか」「では具体的にはどうすればよいのか」「生活習慣で見直す点はあるのか」などをしっかり解説することで、訪問者から信頼を得られるサイトとなり、収益につなげることが可能となる。

## 身体に関する悩みと商品例

**例：シワやシミ、ニキビなど肌に関する悩み**

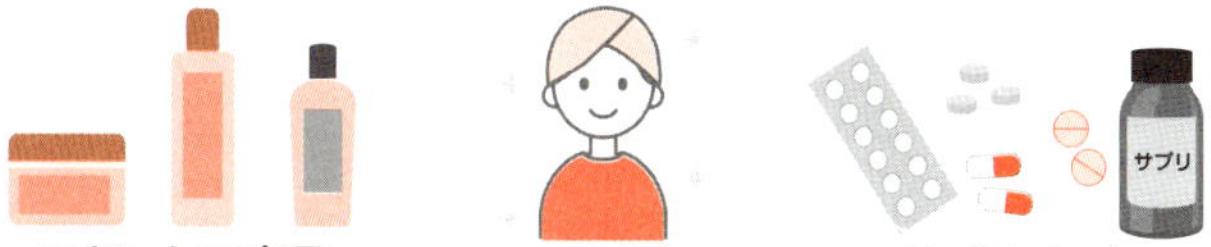


スキンケア商品　　エステ　　サプリメント

**例：虚弱体質に関する悩み**

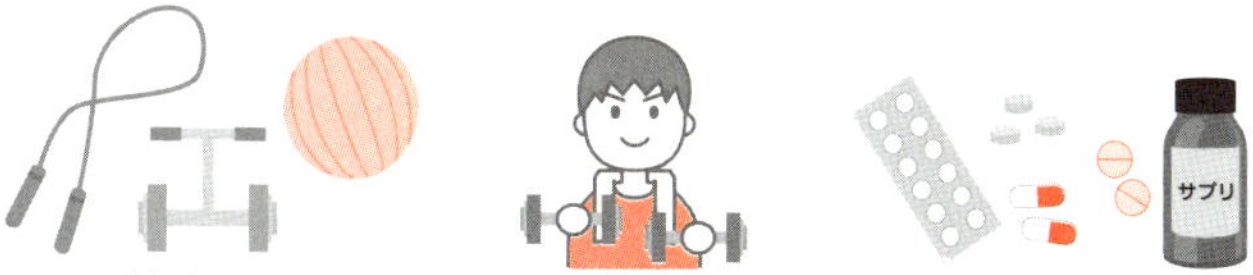


健康器具　　スポーツジム　　サプリメント

## 仕事に関する悩みも稼げるテーマ！

仕事に関する弱点やコンプレックスも、多くの人が抱えているテーマだ。

「仕事を探す」という切り口では、なかなか転職先が見つからない人、フリーランスになったが案件が不安定な人、脱サラをして独立開業をしたい人、というターゲットが考えられる。彼らへ向けてのアドバイスや知っておくとよい情報、やっておきたいこと、さらに可能であれば経験した生の声などを紹介することで、興味を引くサイトを作ることができるはずだ。ＡＳＰでは転職サイトやアルバイト求人サイト、分野別の派遣紹介サイト、クラウドソーシングサイト、独立・開業支援サイトなどの商品があるので、それらをセレクトし、あわせて載せてみよう。

また、「スキルアップ」をテーマにしたサイトというのも狙い目だ。過去に自分が努力をして取得した資格やスキルなども、アフィリエイトで稼ぐためのツールとして活かすことができる。たとえば語学であれば、学習方法やおすすめの教材、ＴＯＥＩＣなどの試験対策といった情報を発信していこう。こちらはオンラインスクールや通信教育講座、語学教材といった商品を紹介できる。

## 仕事に関する悩みと商品

OPEN
ABC
転職先が
見つからない
独立・開業
したいが不安
語学力がない
OPEN
転職サイト
独立・開業
支援サイト
オンライン英会話

SECTION 12

# テーマが浮かばない！そんなときは「日常生活」を振り返ってみる

基本

## 毎日何気なく行っていること、使っているものにフォーカス！

本章ではこれまでに、アフィリエイトサイトのテーマについて、自分の趣味や特技、過去に経験したこと、多くの人が抱えているであろう弱点やコンプレックス、悩みごとなどがおすすめであると紹介した。しかし、それでもやはりよいテーマが思い付かないという人がいるかもしれない。そのような場合には、**日常生活を今一度、振り返ってみると、何かヒントが得られるかもしれない**。

たとえば**毎日繰り返し行っていること、繰り返し利用しているもの**はないだろうか。家の中、外出先、通勤時、職場など、場所を限定することなく、とにかく日常生活を振り返ってみよう。その中で、「このことならほかの人より詳しいかもしれない」といったものがあれば、そのことについてフォーカスしてみると、案外ニッチなニーズがあるかもしれないのだ。**自分では当たり前で何の面白みがないものも、必要としている人にとっては貴重な情報だったりするもの**である。

## テーマは日常生活に潜んでいる?

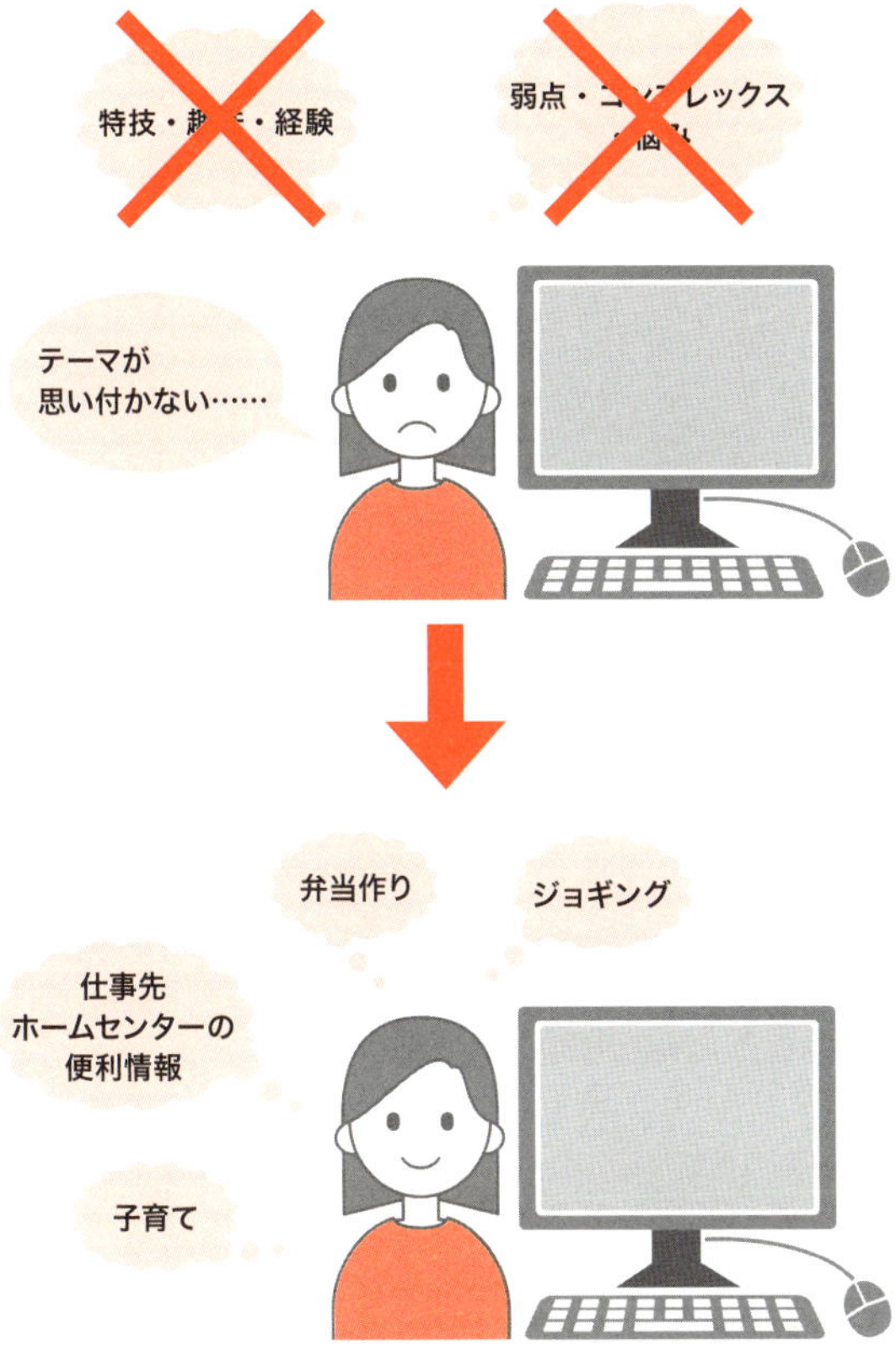


日常生活を振り返ってみると、
何かヒントが得られることも!

## 思わぬことが稼げるテーマになることも

では具体的には日常生活のどのようなところに着目すればよいのだろうか。たとえば独身のサラリーマンの場合、「目覚めが悪く、さまざまな目覚ましグッズを試している」「コーヒーは豆から挽いて多様な味と香りを楽しんでいる」「通勤時間に読書をしており、毎週2冊以上読み終えている」「財布や名刺ケースにはこだわりがある」「職場では新人教育を担当している」「晩酌のおつまみにこだわりがある」……といった日常生活を送っているとする。実はこの中にはアフィリエイトで使えるテーマが数多く潜んでいるのだ。**こだわりのある食品や製品があれば、そのレビュー記事を綴って商品広告を載せてみるとよい。読書が好きなら書評サイトを、新人教育のノウハウ・知識があるならば、それらを解説するサイト**を、といったような展開をすることも可能だ。もちろん、すべて1サイトにまとめるのではなく、1サイト1テーマの専門サイトにしよう。

また、**子育て中の主婦であったら、それは大きなチャンス**だ。育児初心者は、不安なことや疑問点をインターネットで調べて対策を講じることが多い。それらのニーズをしっかり汲み取り、アドバイス記事を発信していこう。その際ベビー服やベビー用品の商品を紹介すれば、興味を持ってもらえるだろう。

## 日常で当たり前なことが稼げるテーマに!

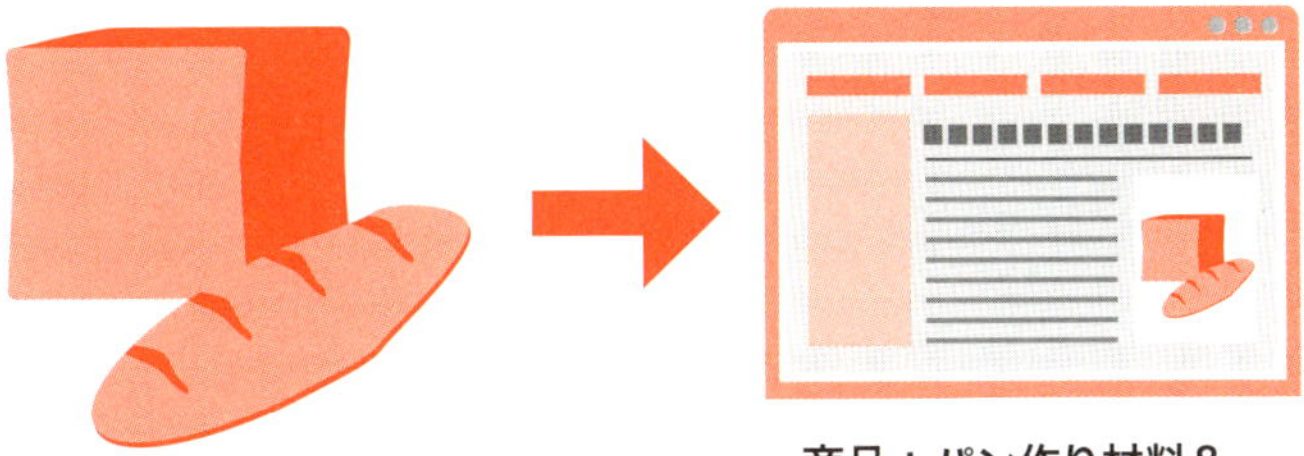

朝食は手作りパン

商品：パン作り材料&
器材サイト、スーパーの
オンラインサイトなど

仕事で接待の
幹事が多い

商品：飲食店ネット予約
サイトなど

双子を育てている

商品：ベビー用品、ベビー
服販売サイトなど

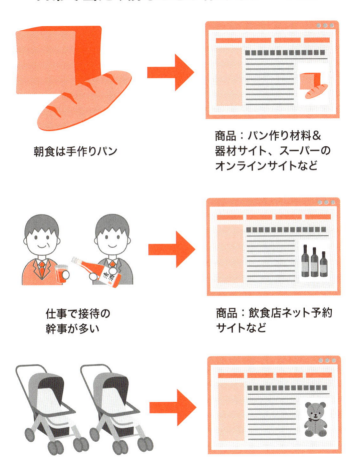

SECTION 13

基本

# テーマを表すキーワードがないとサイトに閲覧者は来ない

## テーマの次はキーワード！　しっかり押さえて集客へつなげる

テーマを絞り込んだら、次はキーワードをしっかり押さえよう。キーワードとは、サイトのタイトルや記事の中で多く使用する単語のことだ。なぜキーワードが重要かというと、多くの人は調べ物をするとき、インターネットで検索をするからだ。**その検索の際に使うキーワードをいかにサイトに盛り込むか**は、アクセス数を集めるうえでも欠かせないポイントである。

サイトを見てほしいターゲットとなる閲覧者が、検索サイトにどのようなキーワードを入力するのか考えてみよう。たとえば、「黒酢ダイエット」がテーマのサイトの場合、「ダイエット」だけではさまざまなダイエットに関するサイトが表示されてしまうので、「ダイエット　黒酢」と入力するのでは？　と考えられる。このようにして**導き出したキーワードを、サイトのタイトルや見出し、本文の太字表示などへと違和感が出ないよう盛り込む**のだ。ただし、あまり盛り込み過ぎると検索エンジンにスパムと判断され、検索順位が著しく下がる可能性があるので注意しよう。

また、キーワードの種類には、広い範囲で使われる「ビッグキーワード」と、検索範囲を絞り、より具体的なものを検索するときに使用される「スモールキーワード」があり、一般的にスモールキーワードには複数のキーワードを利用する「複合キーワード」が含まれる。前ページの例でいうと、「ダイエット」はビッグキーワードとなり、「黒酢」はスモールキーワードとなる。アフィリエイトでは**スモールキーワードを意識したキーワード選定を行う**ようにすると、訴求したい閲覧者の目に留まりやすくなる。

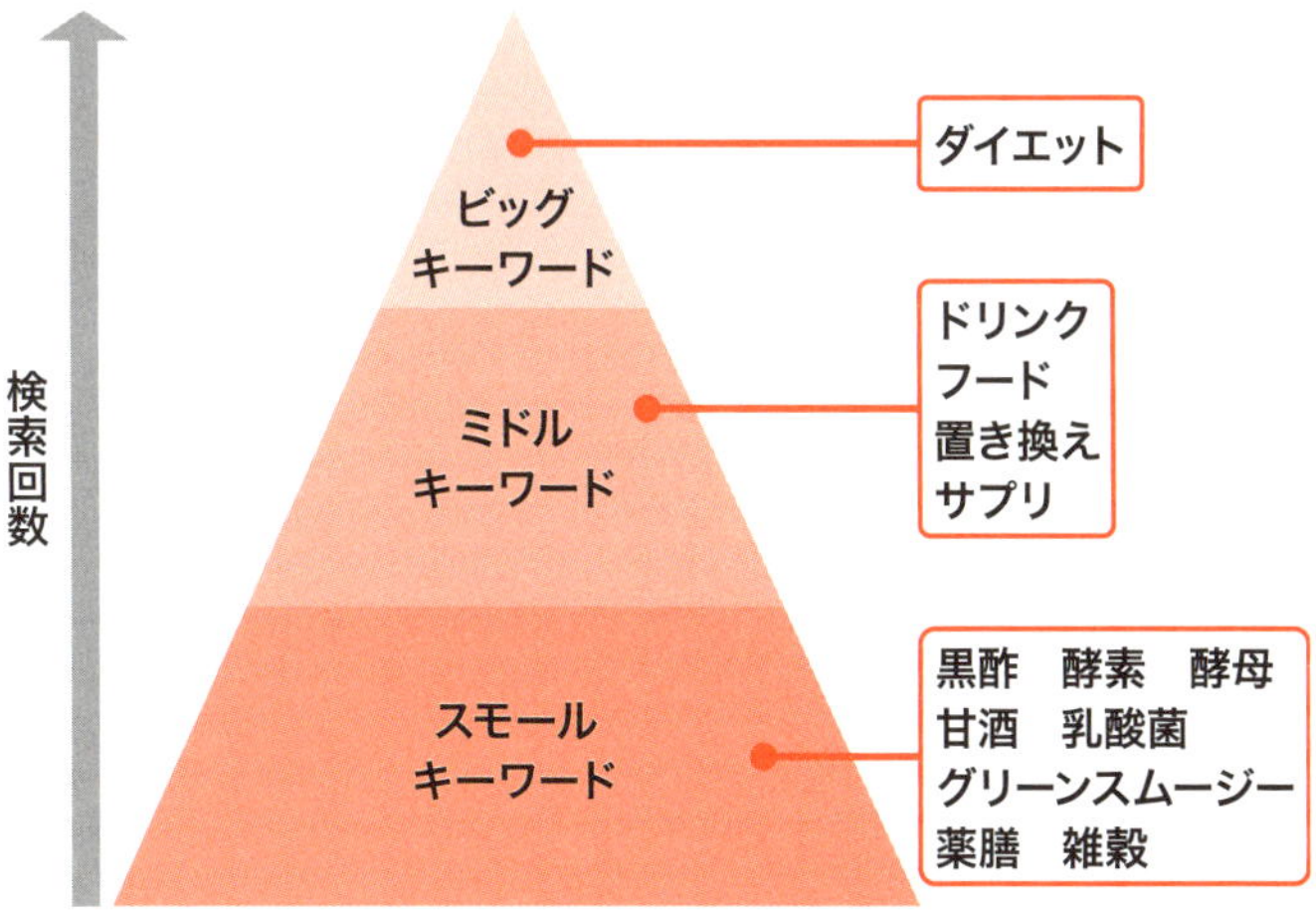

## キーワードの選定はツールを活用する

キーワードの検索ボリューム（月ごとに検索される回数）や組み合わせなどの選定をする際には、Ｗｅｂで利用できる無料ツールを使うとかんたんにリサーチが可能になる。

たとえば、「ａｒａｍａｋｉｊａｋｅ．ｊｐ」という無料の検索数予測ツールがある。このツールを利用すると、**調べたいキーワードの月間推定検索数を見ることができる**。リサーチ結果に表示された複合キーワードをクリックすると、さらにその複合キーワードの月間推定検索数を見ることも可能だ。

また、どのような複合キーワードがあるのかを瞬時に見ることができるのが、「ｇｏｏｄｋｅｙｗｏｒｄ」という無料ツール。このツールでキーワードをリサーチすると、その**キーワードに対する関連キーワードが一覧表示されて見れる**というもの。こちらも結果に表示されたキーワードをクリックすると、さらに掘り下げることができる。

なお、Ｇｏｏｇｌｅが提供するツール「Ｇｏｏｇｌｅキーワードプランナー」では**より正確で詳細な検索ボリュームやよく検索されるキーワードをリサーチすることができる**。ただし、こちらはリスティング広告出向者向けのツールとなっているので、アフィリエイトが軌道に乗り始めたら利用を検討するとよいだろう。

## 検索数予測ツール

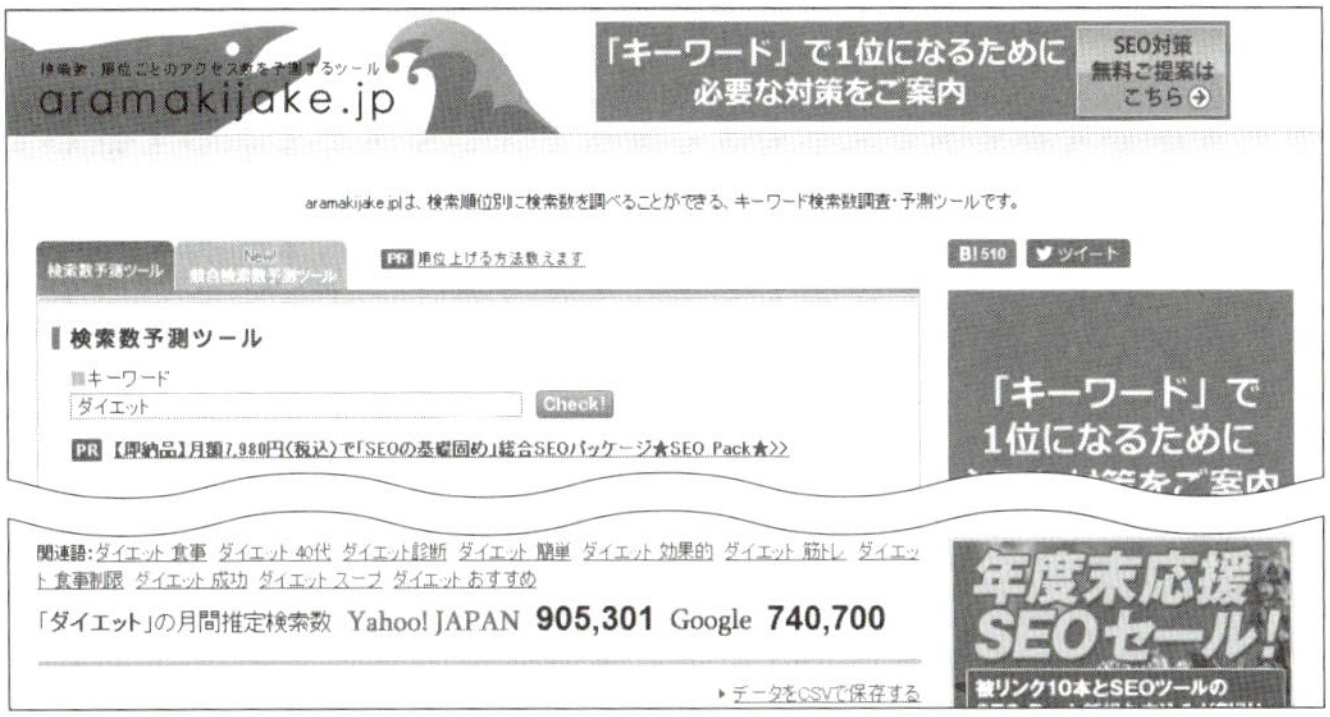


●aramakijake.jp　http://aramakijake.jp/

SEO支援会社が提供する検索数予測ツール。順位ごとの予測アクセス数も見ることができる。

## 関連キーワードツール

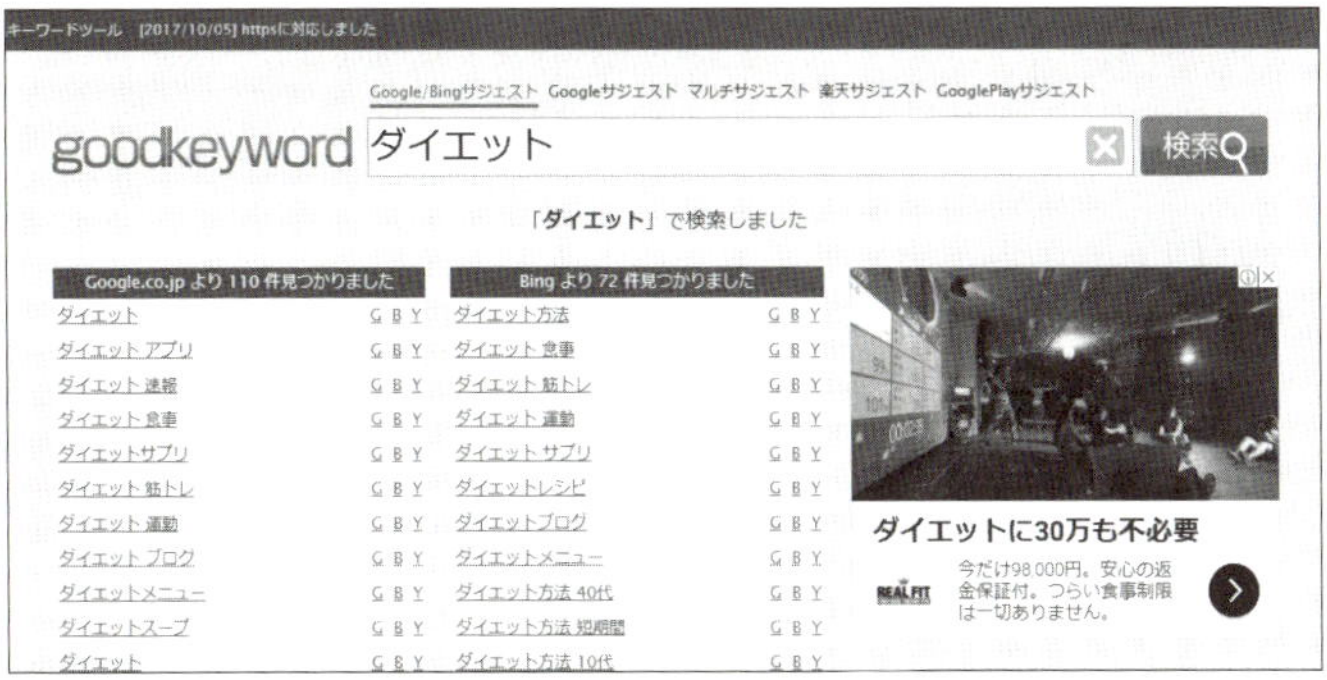


●goodkeyword　https://goodkeyword.net/

メインキーワードをリサーチすると、関連キーワードが一覧で見ることができる。

SECTION 14

基本

# ASPはたくさんあるがまずは大手と契約しておく

## 初めは1、2社との契約でよい

アフィリエイトで扱うテーマやキーワードが決まったら、次はASPとの契約を行おう。1章でも解説した通り、ASPは広告主とアフィリエイターをつなぐ重要な役割を担っており、アフィリエイターは契約したASPから提携商品の広告を掲載する。その広告を経由して商品が買われると、広告主はASPを経由してアフィリエイターへ報酬の支払いが行われるという仕組みだ。まさに**アフィリエイターはASPとの契約がなければ、何も始めることはできない**のだ。

ASPとの契約は、複数社と交わすのが一般的だ。しかし、**始めたばかりであれば、ASPとは1社か2社と契約していれば問題はない**だろう。扱える商品を幅広く揃えたいなどの理由で、多くのASPと契約したいと考えがちだが、それは慣れてからで充分。初めのうちは1、2社の範囲内で商品を選定し、**まずはアフィリエイトのフローをしっかり理解することを最優先**としよう。

## ASPとは何社契約すればよい?

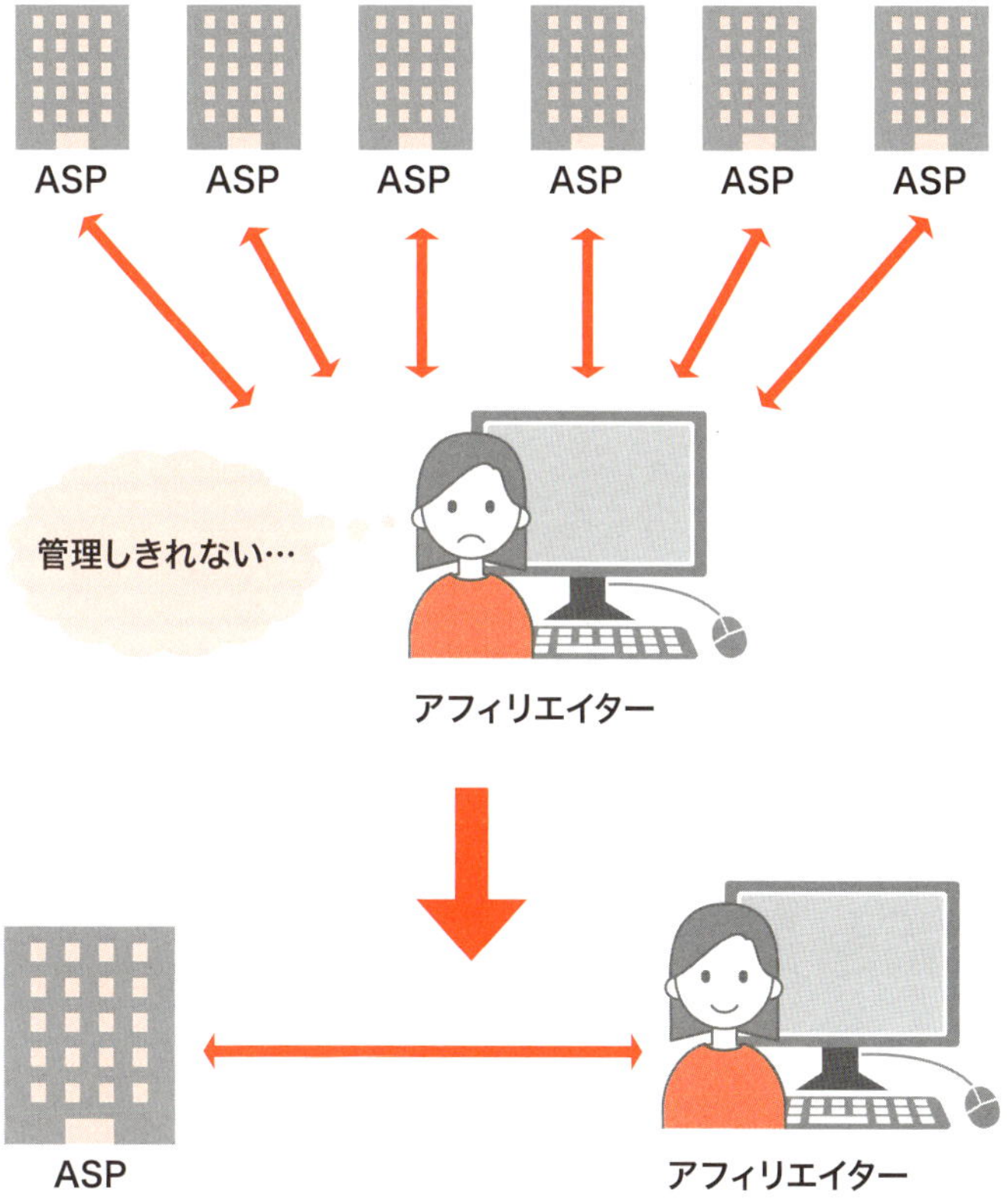


アフィリエイト初心者は１〜２社のASPと契約していれば問題ない。

## ASPは千差万別！　初心者は大手と契約をする

日本国内のASPは、メジャーどころやマイナーどころを合わせると、数十社以上あるといわれている。各社にはそれぞれの特徴があり、商品の取り扱い数から管理画面の見やすさ、得意な商品のカテゴリー、報酬が発生する仕組み、提携する際の審査の有無、行っているキャンペーンやその仕組みなどが、それぞれ異なっている。また、報酬が発生した場合の支払いサイクルや報酬の受け取り方法などもまちまちなので、確認したうえで自分に合ったものを選ぶようにしよう。

たくさんあるASPの中でも、本書が初心者におすすめしたいのは国内最大手の「A8．net」だ。広告主の数が多く、幅広いジャンルの商品が集まっている。多くのASPは、登録時に自分のブログやホームページの審査が必要となるが、A8．netではその審査がないことも大きな特徴だ。また、こちらも大手の「バリューコマース」も広告主の多さが魅力で、有名企業の広告も揃っている。登録時の審査は必要だが、初心者向けのサポートも充実しており、人気の高いASPである。

これから始めるというのであれば、以上の2社か、またはどちらかとだけ契約をすれば問題ない。

## おすすめの大手ASP

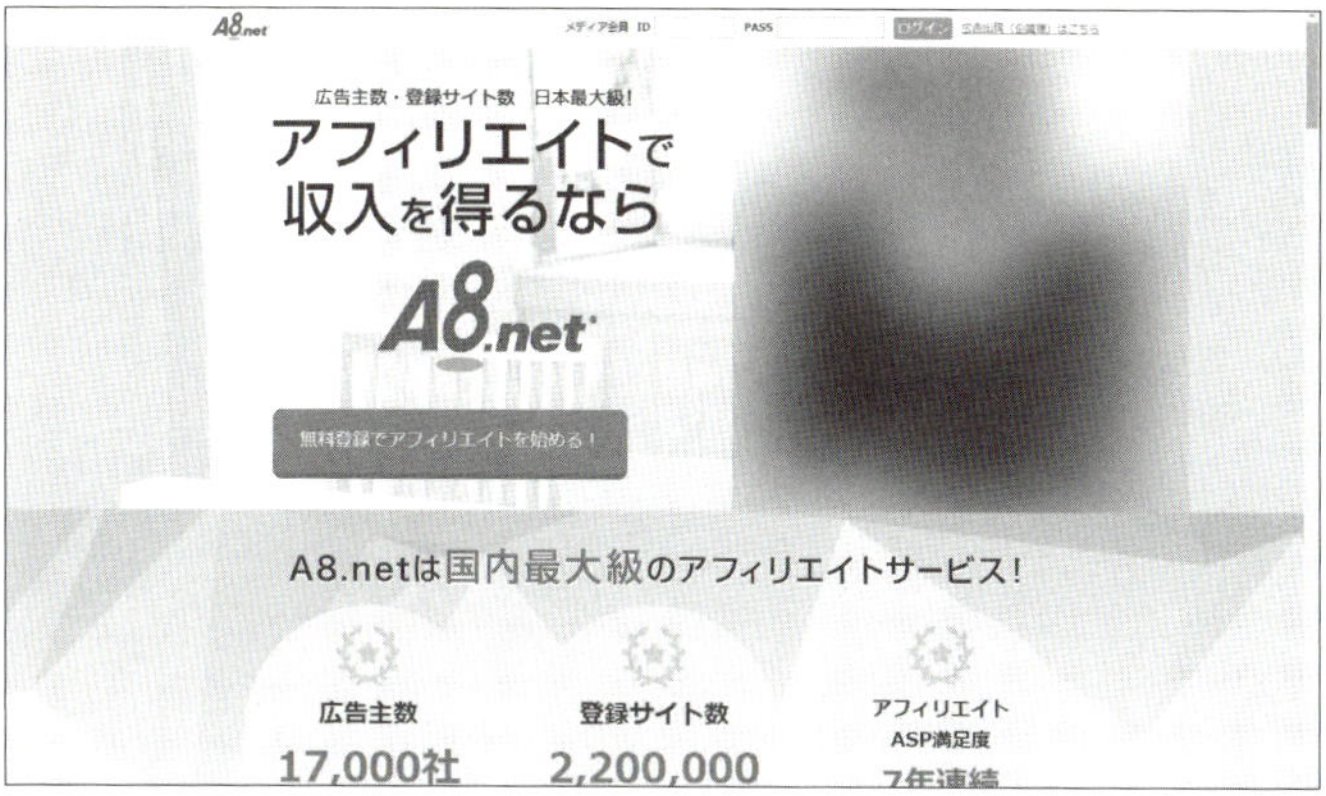


●A8.net　https://www.a8.net/
登録時の審査がなく、選べる広告の数も多いので初心者にもやさしい。登録しておいて損はないASP。

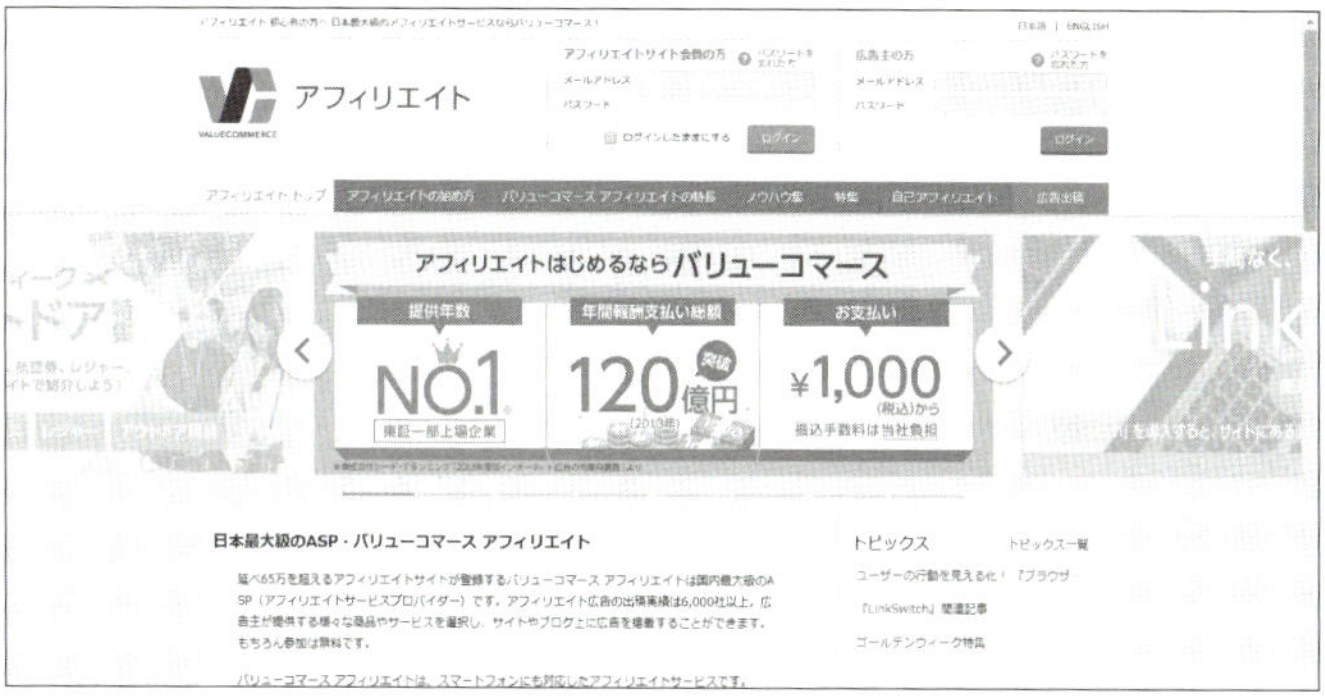


●バリューコマース　https://www.valuecommerce.ne.jp/
国内ではもっとも歴史のあるASP。A8.netにはない広告も多く、大手企業や有名ブランドの広告もある。

## 料率が低いＡｍａｚｏｎアソシエイトと楽天アフィリエイト

基本的にはアフィリエイターはＡＳＰに出稿されている広告の中から商品広告を選び、それを記事に貼るというのが一般的だが、**Ａｍａｚｏｎアソシエイト**と**楽天アフィリエイト**は異なる仕組みをとっている。どちらも自社の販売プラットフォームサイト、つまり**「Ａｍａｚｏｎ」と「楽天市場」で取り扱っている商品をそのまま広告として記事に貼ることができる**のだ。本やＣＤを始め、おもちゃ、ベビー用品、衣類、生活雑貨、食品、家電、カメラ、家具など幅広いありとあらゆる商品が販売されているので、アフィリエイト初心者には使いやすく人気だ。

しかし、両社とも**料率（報酬）が低く設定**されており、また、報酬の支払いについても、**支払い最低額がほかのＡＳＰと比べるとやや高く**、この2社だけでアフィリエイトを続けていくというのはおすすめできない。さらに楽天アフィリエイトでは、三千円未満は楽天スーパーポイントでの支払いとなり、三千円を超えないと現金に換金可能な楽天キャッシュでの支払いができないという特徴がある。

とはいえ、まったく使わないというのはもったいない。１２６ページを参考に、ほかのＡＳＰと併用するなどして、うまく使いこなせるようになるのが望ましいだろう。

## 料率は低いが魅力的な商品点数

●Amazonアソシエイト　https://affiliate.amazon.co.jp/
商品ごとに異なる料率は0.5～10%。広告クリック後、別商品でも24時間以内であれば報酬が発生する。

●楽天アフィリエイト　https://affiliate.rakuten.co.jp/
商品により料率は異なるが、基本的には1%。広告クリック後、30日間であれば別商品でも報酬発生の対象となる。

COLUMN

## ランキングサイトや口コミサイトでも商品は探せる

商品探しの際に役立つのが、ネットショップのランキングや口コミサイトだ。Amazonや楽天市場、Yahoo!ショッピングのランキングでは、売れ筋商品を見ることができ、世の中では今、何が求められているのか、流行っているのかを知ることができる。ジャンルや性別、年代別にも見ることができるところもあるので、活用したい。また価格.comや@cosmeといった口コミサイトでは膨大な量の生の声を見ることができるので、訪問者の求めていることや訴求ポイントなどを確認し、商品選びに役立てることができる。

●楽天市場売れ筋ランキング　https://ranking.rakuten.co.jp/
楽天市場ではリアルタイムランキングも確認可能。新商品やテレビで話題の旬な商品などを知ることができる。

# 3章

# 収益に直結するコンテンツの作り方

SECTION 15

# 収益に結び付く記事とは?

基本

## 広告とは商品にたどり着くまでの手助けをするもの

さて、2章ではアフィリエイトサイトを作るうえでのテーマ選びについて解説した。テーマも決まった、商品も決まったとなったら、次はいよいよ記事だ。どのような記事を書けば、訪問者に広告をクリックしてもらえるのだろうか?

本来、記事に掲載された広告は、訪問者が記事を読んでその商品をほしいと思ったときに、わざわざ商品を検索しなくても購入ページまで行ける入り口のようなものだ。**アフィリエイターの作る記事は、訪問者がその商品にたどり着くまでの手助けするコンテンツ**だと考えよう。

訪問者が自然に広告をクリックしてくれる記事とは、訪問者にとって有益な情報を提供する記事だ。商品の価格や発売日といった情報ももちろん重要だが、**「アフィリエイター独自の情報」**を読んで、訪問者は商品に興味を持つ。自分にしか提供できない体験談などを盛り込んで、オリジナリティのある記事を作ろう。

## 訪問者が記事を見て商品を購入する流れ

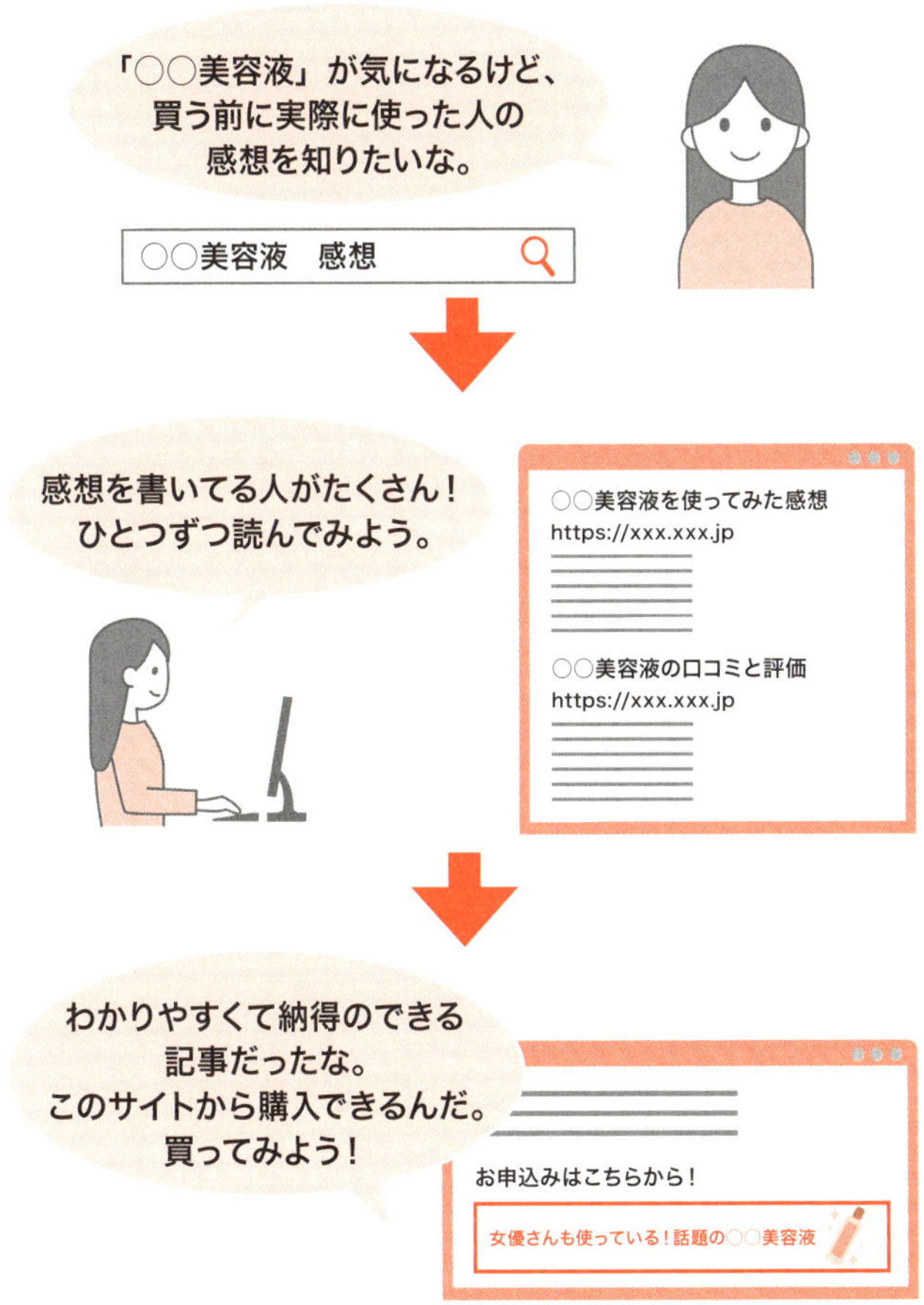

「○○美容液」が気になるけど、買う前に実際に使った人の感想を知りたいな。
○○美容液　感想
感想を書いてる人がたくさん！ひとつずつ読んでみよう。
○○美容液を使ってみた感想
https://xxx.xxx.jp
○○美容液の口コミと評価
https://xxx.xxx.jp
わかりやすくて納得のできる記事だったな。このサイトから購入できるんだ。買ってみよう！
お申込みはこちらから！
女優さんも使っている！話題の○○美容液

## 見やすくてタメになる情報が書いてある記事を作る

では、商品に興味を持ってもらえるような記事のポイントとは何だろう。

まず何より重要なのは、**訪問者にとって有益な情報が書かれているか**。どんな商材を紹介するにしても、ネットで調べればわかるような情報を書くのではなく、自分の体験を書くことが大切だ。たとえば、あるスキンケア商品を紹介するとしよう。こういった美容系商材の記事では、自身の肌タイプや現状の肌状態、商品のテクスチャーや使用感の記述が求められる。これらは**「実際に商品を使った自分にしか書けないこと」**であり、訪問者にとっても非常にタメになる情報だ。

それから、**記事の読みやすさ**も重要だ。いくら中身がよい記事でも、ごちゃごちゃした見た目では誰も最後まで読んでくれない。読みやすい記事は、テンポと、適度な改行や見出しの挿入、画像と広告の数など、記事全体のバランスがポイントとなってくる（104〜114ページ参照）。

つまり、**記事は中身と見た目、両方が重要である**ということだ。この章では、中身と見た目の両面から、より収益につながる記事を書くポイントを解説していく。

## 見やすくてタメになる記事の例

**記事**

私は、Tゾーンがテカって頬はカサカサになってしまう混合肌タイプです。

現在の肌の状態はこんな感じで、少し肌荒れがあります。

お風呂上りにさっそく「○○美容液」を使ってみました！

サラサラとしたテクスチャーで、お風呂上がりの肌にはひんやりとして気持ちよいです。

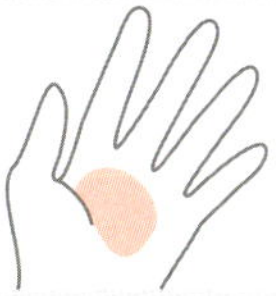

まずは500円玉くらいの量を手に取ってみたのですが、のびがとてもよいのでちょっと多いくらいでした。

**訪問者の感想**

適度な改行があって文章が読みやすいな。

私と同じタイプの肌だ！

ひんやりしてるんだ。夏のスキンケアによさそう。

画像でテクスチャーがわかりやすい！

コストパフォーマンスのよい商品なのかな。

SECTION 16

基本

# ターゲットを具体的に想定してみる

## ターゲット設定をしていない記事はどの層にも響かない

人は商品の購入を検討する際、「この商品を自分が使ったらどうなるか」「使うことで自分にどのようなメリットがあるのか」ということを考える。記事の内容や商品が「自分には合わなそうだな」と思われてしまっては、広告のクリックや購入をしてもらうことはできないだろう。そうならないために、**記事の作成時にはターゲットを具体的に想定することが必要**だ。

たとえば、取り扱うテーマを「美容・健康」にしたサイトがあるとする。そのサイトが、ある日は「思春期ニキビを改善する洗顔料」を紹介、違う日には「小じわを目立たなくさせるファンデーション」を紹介、また別の日には「更年期障害の対策サプリ」を紹介していたらどうだろうか。女性に向けた情報発信であることはわかるが、商品自体のターゲット層がバラバラで、このサイトが一体どの年齢層を狙っているのかがわからない。アフィリエイトサイトの中には、このようにターゲットが定まっていないサイトが意外と多くあるのだ。**記事を作成する前またはサイトを作成する前に、ターゲットをしっかり決めておくことで、方向性の定まった内容を構築していくことができる。**

例に挙げたサイトの場合は、「肌の老化や体力の衰えに悩み始めた30代の女性をターゲットにして、アンチエイジングに効果がある商品や健康を保てる商品を載せる」と決めてしまえば、紹介する商品もブレがなく選べるだろう。

なお、ターゲットテーマの選定は、**サイトのデザインにも大きく影響してくる。**ターゲットが女性であればい淡い色、テーマが食品であればカラーは暖色系にするなどが考えられる。

## ターゲットを決めると方向性も見えやすくなる

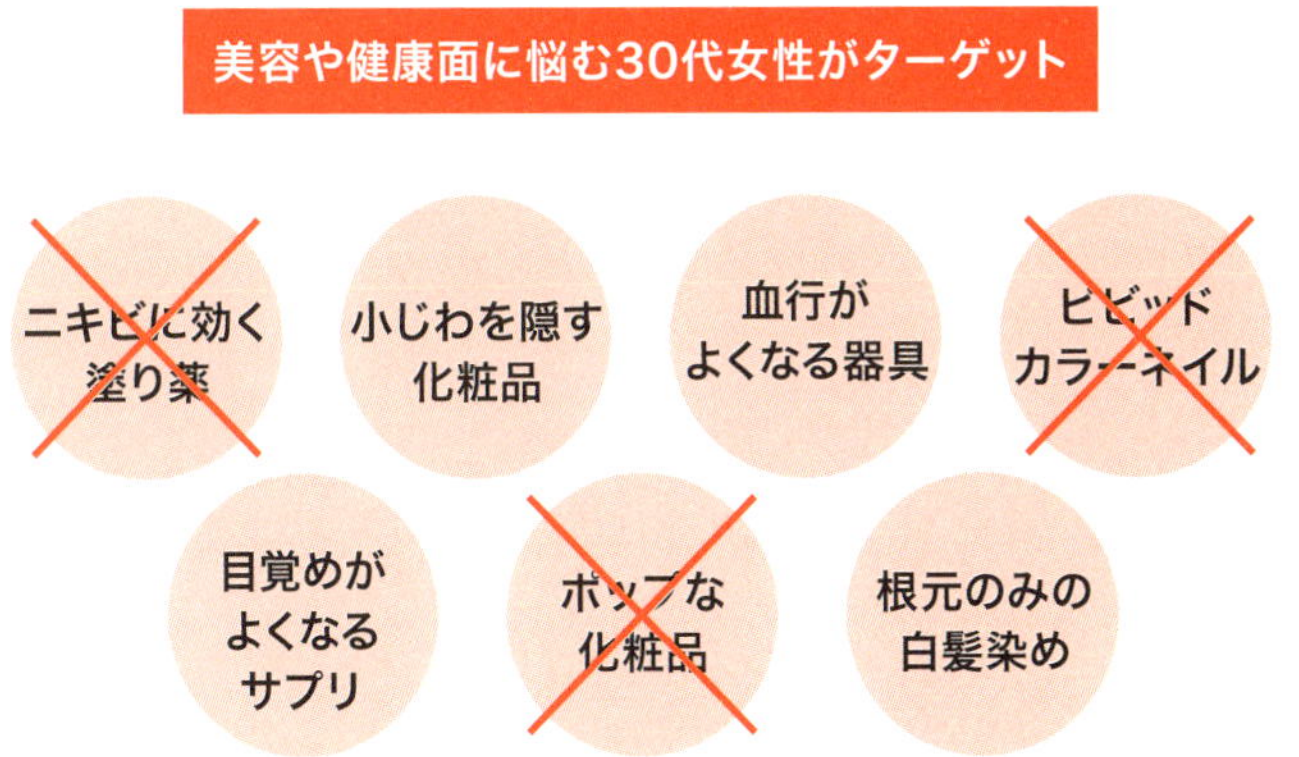

## 同じ商品でもターゲットによってアプローチ方法を変える

世にあふれる商品の中には、**年代や性別を問わないものもある**。そういった商品は、どのように紹介していけばよいのだろうか。

例として、地方の新鮮な食材を使ったお鍋セットを紹介するとしよう。お鍋料理は男性も女性も食べるものであり、若い人からお年寄りまで幅広い年齢層の人が興味を示す商品だ。**同じ商品であっても、年代や性別によって違ったアプローチが考えられる**。

20代の女性であれば、同僚や友だちと自宅に集まって女子会をすることが多い年代なので、「友だちと楽しくお鍋を囲もう」といった内容の紹介方法が効果的だ。30代の女性であれば、家事に仕事に育児と忙しい年代。「週末は少し楽して家族でお鍋を食べよう」といった時短をアピールしよう。40代の男性であれば、自分自身にも仕事にも余裕が出てくる年代のため、「遠くに住むご両親への贈り物」や「家事が大変な奥さまのために」といった、他人への気遣いを謳った内容がよいだろう。50代の男性であれば「日本酒のお供に美味しいお鍋を」と書くことで、同時にお酒やグラスの紹介もできる。

このように、**それぞれの訪問者がどのような立場であるか**などを考えて、相手の心に響く記事を作っていこう。

## ターゲット別のアプローチの例

20代の女性
・女子会にぴったり
・お友だちとのお泊まりで
30代の女性
・家事の手間を少し減らす
・家族との団らんに
40代の男性
・ご両親への贈り物
・がんばる奥さまの家事が
少しでも楽になるように
50代の男性
・大好きな日本酒のお供に
・お鍋に合う日本酒も一緒に
紹介できる

## 訪問者は購入の意識によって3つのタイプに分けられる

訪問者は年代や性別とは別に、「即買派」「検討派」「慎重派」の3タイプに分けられる。このタイプの違いと記事作成のポイントを解説しよう。

「即買派」は、気に入った商品があればすぐに購入するタイプ。すでに商品を認知しており、成約にいちばん近い訪問者といえるので、品質のよい商品であれば細かい説明がなくても、ページ上段の広告からすぐに購入してくれる確率が高い。

「検討派」は、複数の商品を比較したうえで気に入った商品を購入するタイプ。商品に興味は持っているものの、購入まであと一歩の状態だ。そのため、ほかの商品と何が違うのか、どこが長けているのかを紹介すると効果的だ。

「慎重派」は、基本的に購入に対して消極的なタイプ。そのため、アフィリエイター自身の経験や具体的な商品の使い方などを載せて共感・興味を持たせてから、ページ下段の広告で最後に購入へと背中を押してあげよう。

どの訪問者を狙うか迷った場合は、いちばん購入への腰が重い「慎重派」に向けて記事を書こう。このタイプには、自身の経験や商品の特徴を説明する必要があるため、ほかのタイプの訪問者に対しても説得力のある記事に仕上げることができる。

## 購入への意識から見る訪問者のタイプ

**❶ 即買派**

商品を買うつもりでサイトに訪れている。商品のよいところを前面に押し出すことで、細かい商品の説明をしなくてもすぐに購入してくれる。

**❷ 検討派**

商品を購入する気はあるが、よりよいものを求めている。似ている商品を2つ以上探し、それぞれのスペックやメリット・デメリットなどを比較する。

**❸ 慎重派**

サイトの訪問者にいちばん多いタイプ。積極的に商品の紹介をしていくよりは、まずは自身の体験談などで興味を持ってもらうところから始める。

SECTION 17

# 「主観」「客観」「比較」のバランスが大切

基本

## 広告をクリックしてもらえるような商品の紹介の仕方とは？

具体的なターゲットを決めたはよいが、実際に記事を書いてみるといまいち訪問者に興味を持ってもらえない内容になってしまうこともある。これは何が原因だろう？

多くの場合は、記事の内容に偏りがあることだ。ただ自分の意見だけが述べられていたり、反対に、商品のスペックや発売日などの情報のみが羅列されていたりする。これでは、読んでいても商品に興味が持てないのだ。

記事を書くうえでは、自分の意見である「主観」、口コミやデータといった「客観」、他商品との「比較」の3点を取り入れた文章を書くことがポイントだ。とくにレビューという形で商品を紹介しているサイトは、この3点が非常に重要になる。記事の中にこれらの要素が入っていなかったり、またはどれかの要素のみに偏っていたりすると、訪問者にあらゆるマイナスの印象を与えてしまうので注意しよう。

100ページから、この3つの要素について詳しく解説していく。

## 文章によって与える印象

●何も考えずに書いた文章は…

・この商品に対して何をいいたいのかがわからない
・これはよい商品なの？　悪い商品なの？

●主観だけを書いた文章は…

・自分の意見ばかりで自己中心的な文章だなぁ
・ほかの人はどう思っているんだろう？

●客観だけを書いた文章は…

・自分の意見はないの？
・調べたことを書いているだけ？

●比較のない文章は…

・この商品はほかにたくさんある似た商品と何が違うの？
・ほかの商品よりも優れているなら買いたいけどなぁ

さまざまな角度から見た
情報をバランスよく入れないと、
訪問者に商品を購入したいと
思ってもらえない

## 主観的な感想、客観的なスペック、他商品との比較を入れる

アフィリエイトでは、ほかの人が書いていないような主観的な情報を発信していくことが、結果に結び付ける大事なポイントのひとつだ。「一般的には○○といわれていますが、個人的には○○だと思います」といった自分の意見をしっかり述べることで、競合サイトとの差別化を図ることができる。

さらにそこに、客観的な情報を入れ込むことでバランスを調整していこう。ほかの人はこの商品を使ってどのようなことを思ったのかを調べたり、身近な友人や家族に意見を求めたりすれば、新たな発見ができるだろう。この場合、口コミサイトの評価点を載せてもよいだろう。また、商品のスペックなどの具体的な情報が間違っていないかも、あわせて確認しておきたい。

そして、96ページでも解説したように、「検討派」タイプの訪問者に向けてほかの類似商品と比較した情報も大切だ。ほかの商品よりも優れているポイントや劣るポイントを、表などにわかりやすくまとめて掲載してみよう。類似商品の購入を検討していた訪問者が、記事で紹介したほうの商品を購入してくれる可能性も充分にある。

この3点を意識して、記事を書こう。

## 主観・客観・比較をバランスよく入れる

主観

充電式の掃除機。
1回の充電で長時間使えた。
音も静かなので、夜でも掃除できる。
一人暮らしには充分なサイズ。

客観

3年使っていても吸引力が落ちない。
でもサイズが小さいから掃除機の中にゴミが溜まるのが早い。

比較

ほかの商品とのスペックを表などにわかりやすくまとめる。

| | 価格 | 機能性 | サイズ |
|---|---|---|---|
| 掃除機A | ○○○円 | 長時間使える<br>音が静か | ○cm×○cm |
| 掃除機B | ○○○円 | 1回の充電で<br>30分使用できる<br>コードレス | ○cm×○cm |
| 掃除機C | ○○○円 | コンパクト<br>小回りが利く | ○cm×○cm |

## 商品の悪い点も正直に書いて信頼度をアップさせる

商品を売ることを目的としたアフィリエイトでは、商品の欠点に一切触れていないケースがよく見られる。しかし、訪問者の立場で考えてみると、商品のよいところばかり書いているサイトは押し売りされるような雰囲気もあり、信用しづらいだろう。訪問者に「このサイトは信頼できそうだ」と思ってもらえるように、**商品を使用して気付いた点はすべて正直に書く**ことを意識しよう。

とはいっても、ただ欠点を書き並べるだけでは、その商品の悪い印象しか残らない。欠点を書くときのコツは、**悪いところを先に述べて、そのあとによいところや改善点で締める**ことだ。

たとえば、サイズの合わなかった靴の紹介は「普段の自分のサイズより少し大きめだったので、ワンサイズ小さいものを買うのがおすすめ。私は冬は厚手のタイツと靴下を履くので、普通の靴では逆に足が窮屈になってしまいますが、この靴は大丈夫そうです！」といった文章を書けば、あとに述べた改善点のほうが印象に残りやすくなる。

また、**商品の欠点をカバーする別の商品を一緒に紹介する**のも効果的である。こうすることで、より収益につながる可能性を高めることができる。

## 商品の欠点を書くときの例

パターン①
サイズの小さい掃除機のレビュー

「○○掃除機」が届きました！　さっそく箱を開けてみると、初めは思っていたよりもサイズが小さいなと感じました。でも私は一人暮らしなので、収納に場所をとらないことが嬉しいです。物が多い部屋の中で小回りが利くところも気に入りました。

パターン②
乾燥しやすい化粧下地のレビュー

この「皮脂崩れ防止下地○○」を塗ると、皮脂の少ない頬は少しカサカサになってしまいます。でも、皮脂の多いTゾーンには効果を発揮！　夕方まで化粧崩れしませんでした。乾燥肌の人は「○○美容液」を使ってお肌に潤いを与えてから、「皮脂崩れ防止下地○○」を使うことをおすすめします！

パターン③
価格の高いソファーのレビュー

先日購入した「○○ソファー」。私にとってはとても高い買い物でした。ほかのサイトを見ても価格が高いといっている人が多いですね。でも私はお値段以上の品質と使い心地を実感しました！　耐久性もあり、数十年使えるそうなので、安いソファーを数年で買い替えるよりもずっとよいと思います。

# テンポのよい文章にまとめるコツ

基本

## 文章の基本構成は序論・本論・結論

読みやすい文章のコツは、テンポよく話を展開することだ。そこで、話の**「序論」「本論」「結論」**を意識してみよう。

まず序論とは、**文章全体の前振り**だ。「先日こんな困ったことがあって、こんな商品を使った」など、商品を紹介するきっかけなどをかんたんにまとめるとよいだろう。

次の本論がメインの部分。**商品の情報や使用してみた結果**を書こう。ここには写真などの画像も盛り込みたい。この部分が、全体の8割くらいになるとよい。

そして最後が結論。**改めて商品のおすすめポイントをまとめて、購入したい気持ちの背中を押そう**。最後に広告を貼っておくのも忘れてはいけない。

以上の構成を意識して書けば、冗長な文章になることなく、説得力のある展開になる。あまり難しく考える必要はないので、まずは3つの部分に当てはまる内容を箇条書きでざっくりと書き出してみると、記事の方向性がまとまるだろう。

## 文章を書くうえでの基本構成

**❶ 序論…文章全体の紹介**

- この文章が何を意図しているのか
- 1つのテーマに対する問題提起
- この文章でどのように論議していくか
- 自分の考えの方向性を示す

**❷ 本論…主張に沿った証拠の積み上げ**

- なぜそう思ったのかを述べる
- リサーチ結果や実験結果を提示する
- 主張の正しさを客観的に証明する

**❸ 結論…本論で述べたことの結論**

- 本論をもとに自分の主張を改めてまとめる

①～③に当てはまることを
箇条書きで書き出してみると、
文章が作りやすい！

## 見出しを付けて訪問者にとって読みやすい記事にする

また、文章の内容だけでなく、見た目にもメリハリを付けることで、記事の最後までストレスなく読んでもらうこともできる。そのための工夫が、「見出し」だ。

ひとつの記事の中で同じサイズ・同じ色の文字が上から下までずっと続いていると、多くの人は読む気をなくしてしまう。そういうときは、**見出しを適度に入れてみよう**。見出しを入れることで記事全体にメリハリが付き、記事が最後まで読みやすくなるのだ。

また、訪問者によってはまず見出しを流し読みして、自分が知りたいことが書かれている記事なのかを確認してから本文を読む人もいる。そのため、**本文にどのような内容が書かれているかがわかる見出しにする**こともポイントである。

なお、見出しを付けることは**SEO対策にも有利**とされており、記事の内容や記事タイトルだけでなく、見出しに使われているキーワードも評価の対象になっているのだ。見出しのキーワード次第では検索結果の上位に表示されることもあるため、アクセス数アップを期待できる。

## 見出しを付けることによるメリット

**記事にメリハリが付く**
記事をパッと見たとき、上から下まで同じサイズの文字がびっしり並んでいると、読むのに疲れてしまう。見出しごとに1つのストーリーと考えると、訪問者も読みやすくなる。

**ほしい情報だけをかいつまんで読める**
本文にどのような内容が書かれているかが把握できる見出しにしておくと、訪問者が知りたい情報が書かれている場所を見つけやすくなる。また、読み返しもしやすい。

**SEOで有利になる**
検索エンジンからの評価が高いキーワードの入った見出しは、SEO的にも有利なるといわれている。ただし、SEO対策(SUMMARY参照)ワードは、1記事につき1ワードが基本だ。

**SUMMARY**

SEOは「検索エンジン最適化」のことであり、検索エンジンの検索結果で自分のサイトが上位に表示されるようにするための取り組みを「SEO対策」と呼ぶ。

## 見出しはタグを使ってかんたんに追加できる

見出しは、Ｗｅｂページの骨組みであるＨＴＭＬを編集して挿入を行う。ＨＴＭＬは多くの「タグ」で構成されており、**見出し用のタグ**も存在する。

見出し用のタグはｈ１〜ｈ６まであり、数字が大きくなるごとに見出しのサイズは小さくなる。もっとも大きな見出しを作成するタグはｈ１となるが、ｈ１タグはサイトタイトルや記事タイトルに使われることがほとんどなので、見出しにはｈ２〜ｈ６タグを使用しよう。ｈ１以外のタグは、１つの記事に何回使用しても問題ない。

実際のタグの利用方法は非常にかんたんだ。記事を作成したらＨＴＭＬ編集画面を開き、見出しを追加したい箇所に**<h2>○○（ここに見出しを入れる）</h2>**を挿入するだけ。ブラウザ表示で確認すると、挿入したタグが反映されて見出しが追加されていることがわかる。

ｌｉｖｅｄｏｏｒ Ｂｌｏｇの場合、定型文にタグを登録しておけば、投稿画面からタグをかんたんに挿入することができる。ＣＳＳで見出しに装飾を行う場合は、訪問者が読みづらくならないようなデザインを心がけよう。なお、タグの間違いはＧｏｏｇｌｅペナルティの原因にもなるので、必ず投稿前のプレビュー画面でチェックが必要だ。

## タグの数字によって大きさが変わる

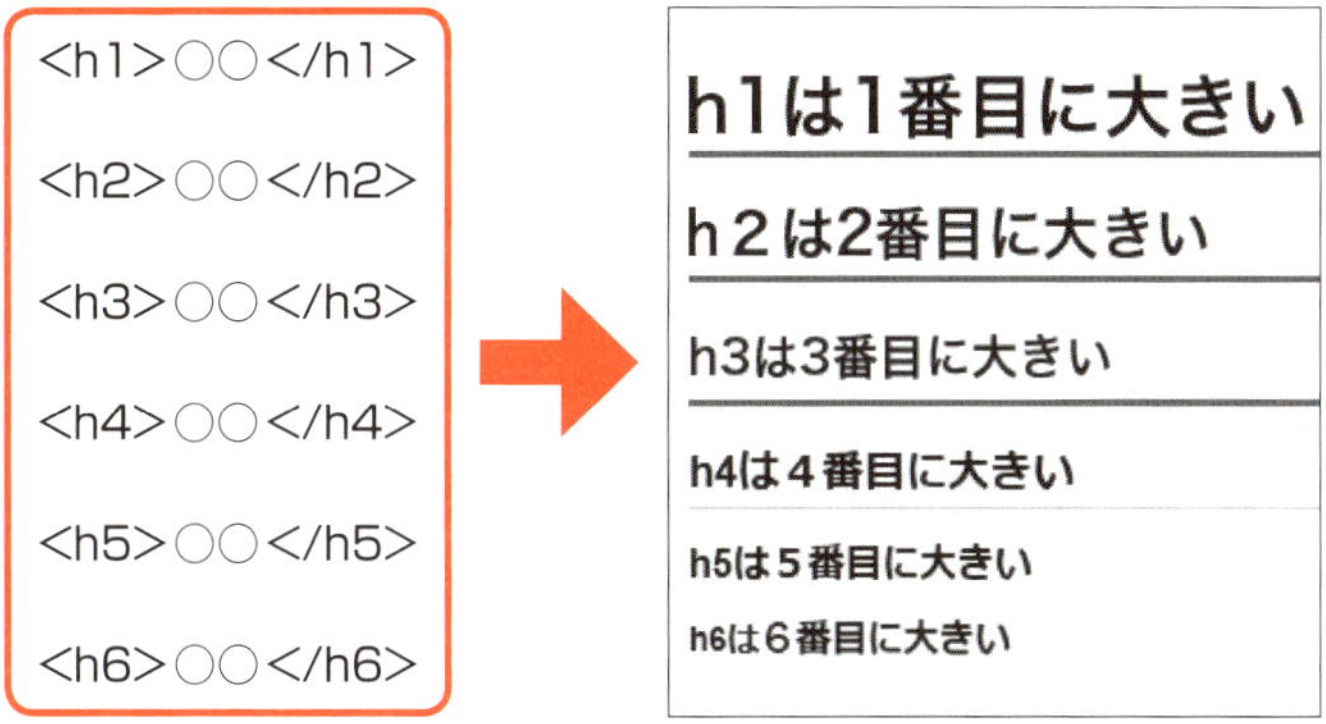


## livedoor Blogで見出しを挿入する

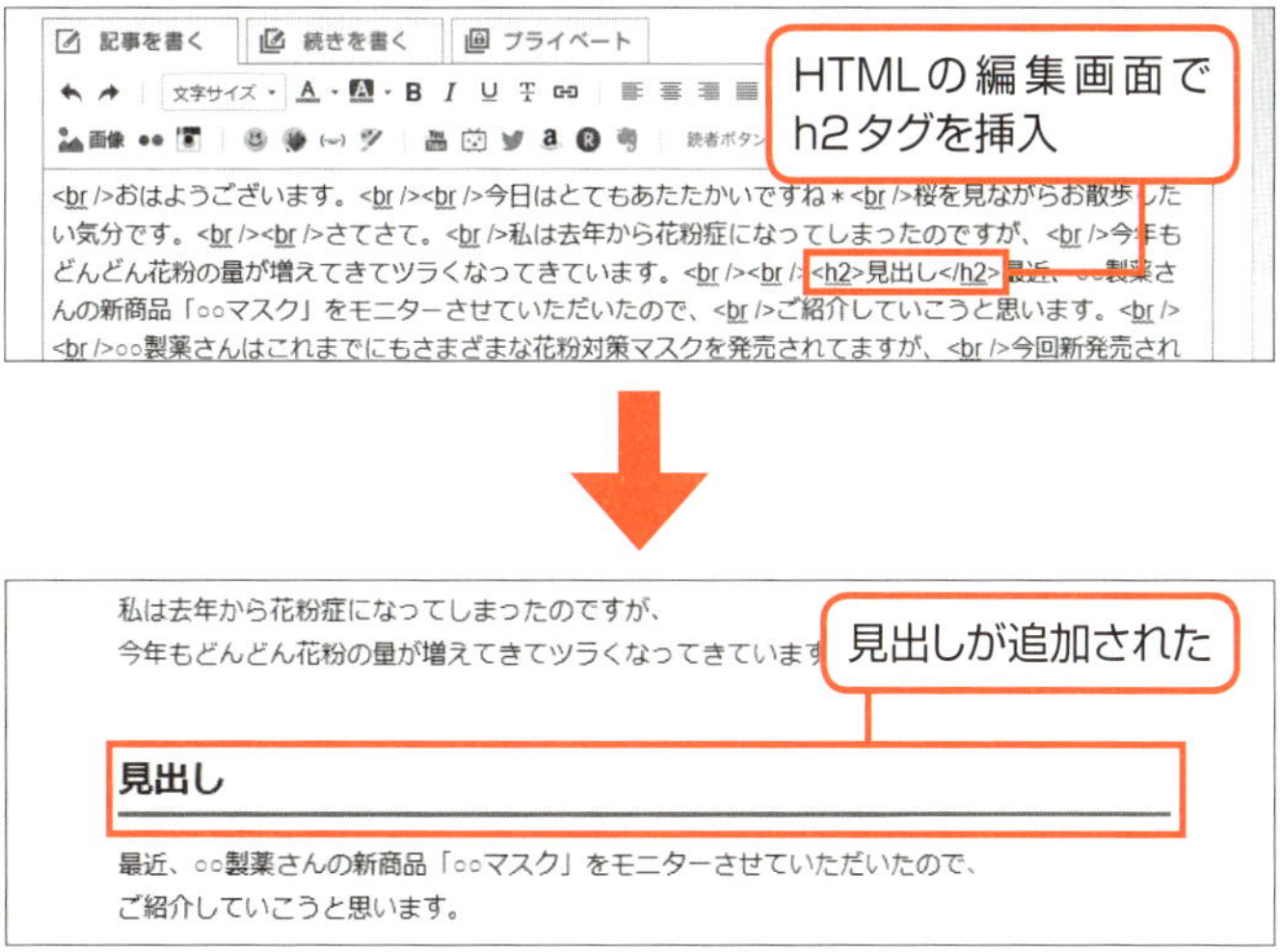

SECTION 19

# 広告と画像・テキストのベストバランスはこれだ！

基本

## 記事の見た目を変えるポイント

さて、文章の書き方はわかったが、記事には、テキストだけでなく、画像や広告を掲載しなくてはいけない。このときに気を付けたいのが、**広告、画像、テキストのバランス**である。

まず、初心者はできるだけクリックしてもらおうと、つい記事に広告をたくさん貼ってしまいがちだ。しかしそれでは押し売りのような印象を与えかねない。**広告の数は必要最低限に抑え、できるだけクリックされやすい場所に配置**しよう。

かといって、テキストだけがギッシリと詰まった記事でも、閲覧者は読むのに疲れてしまい、記事から離脱されてしまうだろう。**適度に写真などの画像を入れて、ビジュアルとテキストの両面から内容を説明**すべきだ。

では、広告を配置すべき位置と、広告、画像、テキストのベストなバランスについて、解説していこう。

## 広告や画像が多過ぎる記事の例

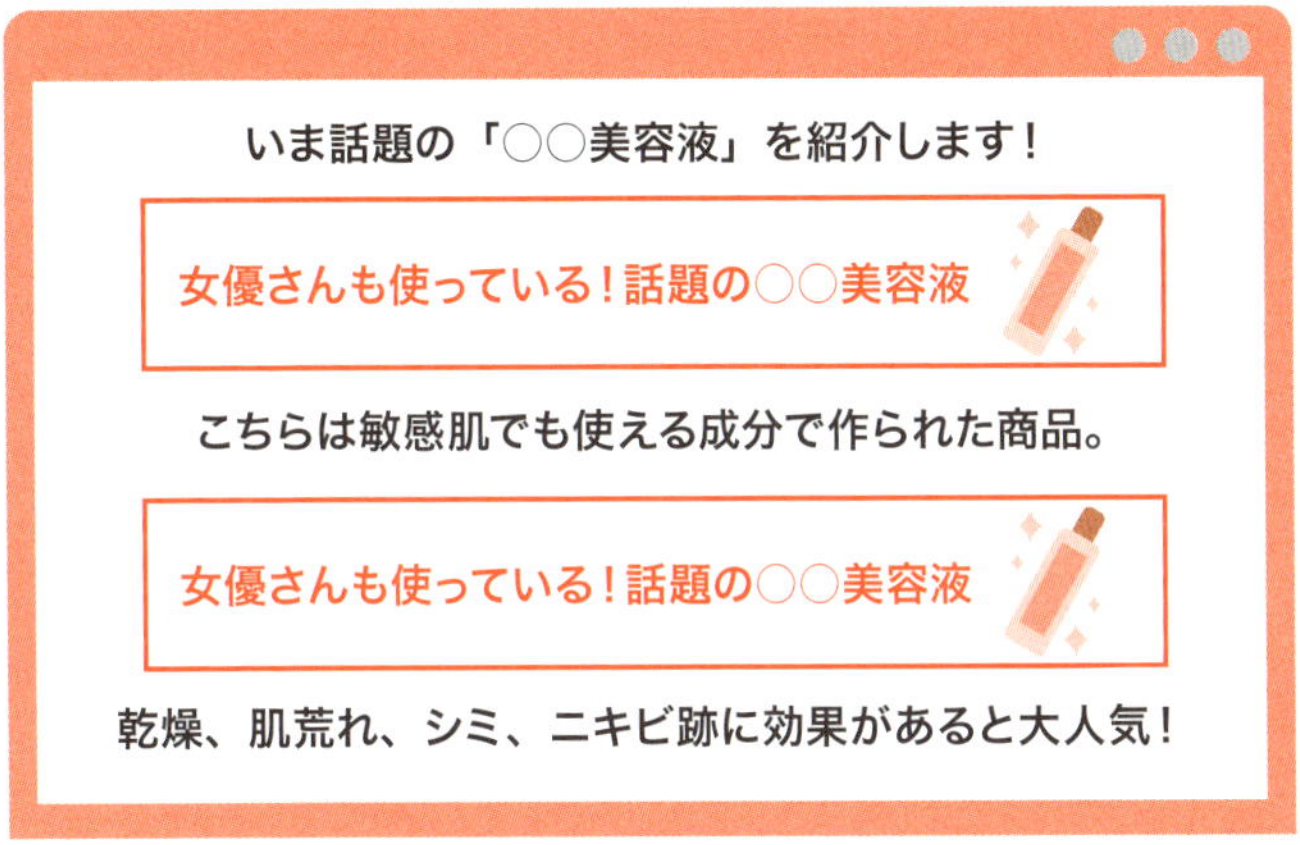
いま話題の「○○美容液」を紹介します！
女優さんも使っている！話題の○○美容液
こちらは敏感肌でも使える成分で作られた商品。
女優さんも使っている！話題の○○美容液
乾燥、肌荒れ、シミ、ニキビ跡に効果があると大人気！

## 文章が多過ぎる記事の例

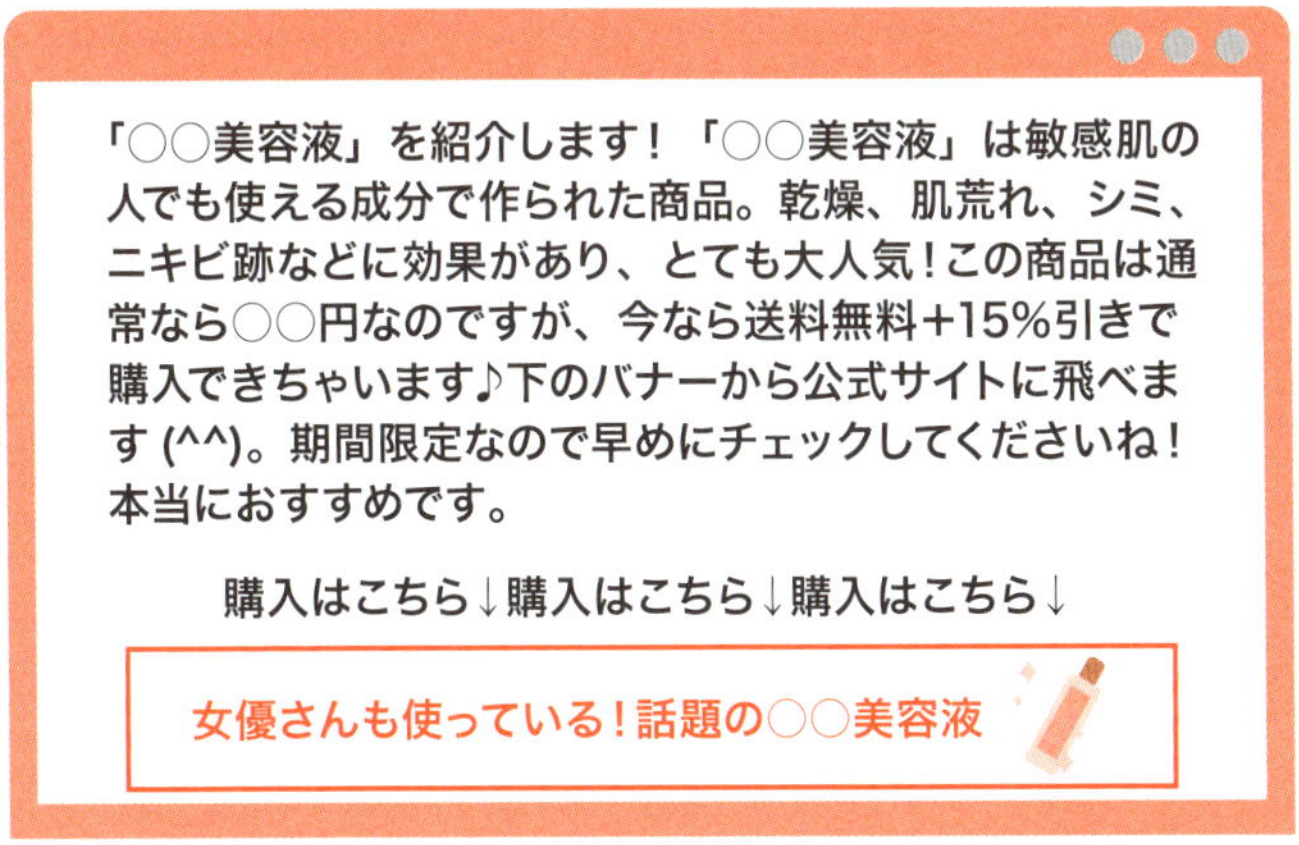
「○○美容液」を紹介します！「○○美容液」は敏感肌の人でも使える成分で作られた商品。乾燥、肌荒れ、シミ、ニキビ跡などに効果があり、とても大人気！この商品は通常なら○○円なのですが、今なら送料無料+15%引きで購入できちゃいます♪下のバナーから公式サイトに飛べます (^^)。期間限定なので早めにチェックしてくださいね！本当におすすめです。
購入はこちら↓購入はこちら↓購入はこちら↓
女優さんも使っている！話題の○○美容液

## 広告の種類と配置を工夫する

広告はどのように掲載するのが効果的なのか。記事の中にただやみくもに広告を貼っても、成果は上がらない。

アフィリエイト広告の中でも、**比較的クリック率が高いのはテキスト広告だといわれている**。テキスト広告は、本文内に自然な形で挿入することができる汎用性の高い広告だ。説明文の商品名や画像近くの小見出し代わりなどに使おう。

記事の中にインパクトを残すバナー広告は、配置や数が非常に重要になってくる。**バナー広告を使用すると、テキストばかりの記事よりもページ全体の見栄えがよくなり、商品も目立たせることができる**。しかし、大き過ぎるバナーを使ったり、同じバナーをいくつも掲載したりすると、ページとのバランスが悪くなり、訪問者にも警戒されてしまう。バナー広告はさまざまなサイズが用意されているので、自分のサイトのサイズや文章量とのバランスを見て、1記事に1～2枚程度で使おう。

また、**文末にテキスト広告かバナー広告を掲載する**のもよい。記事の終わりに貼られた広告は、購入を迷っている訪問者に対しての最後のひと押しになるのだ。

## 最適な場所に広告を貼った記事の例

文章中にさりげなく
テキスト広告を挿入

テキスト広告は、訪問者に広告であることを感じさせずに、自然な流れでクリックしてもらえる。

文末にテキスト広告
＋バナー広告を挿入

文末の広告は、記事の文章を読み終えて購入意欲が高まった訪問者、または購入を迷っている訪問者への最後のひと押しとなる。

## 黄金ルールに沿って記事を作成する

まずはテキストを準備する。テキストは、序論1割、本論8割、結論1割になるとちょうどよい。この構成で2,000字ほどを目安に文章を作成したら、今度は画像と広告を掲載していく。

記事中のビジュアル要素は、バナー広告だけではない。広告の画像では伝わらない商品のイメージを伝えるために、自分で撮影した写真を必ず2、3枚は掲載するようにしよう(116ページ参照)。広告以外の写真が掲載されていると、アフィリエイター本人が実際に使用したということもわかり、訪問者が安心感を覚えるのだ。

最後に広告。バナー広告は記事の中盤と最後に貼るのが定石だ。また、113ページのように、テキスト広告を文章中や記事の最後に貼るのもよいだろう。

なお、サイトを閲覧するとき、人は無意識に視線が左上から右、そして左下へ行き、また右へ移動するといわれている。この視線の動きは「Zの法則」と呼ばれ、メニューバーなどのコンテンツの配置や、デザインを考える際にも重要なポイントとなる。自分のサイトをカスタマイズする際には、この法則を意識してみよう。

## ルールに沿って作成した記事の例

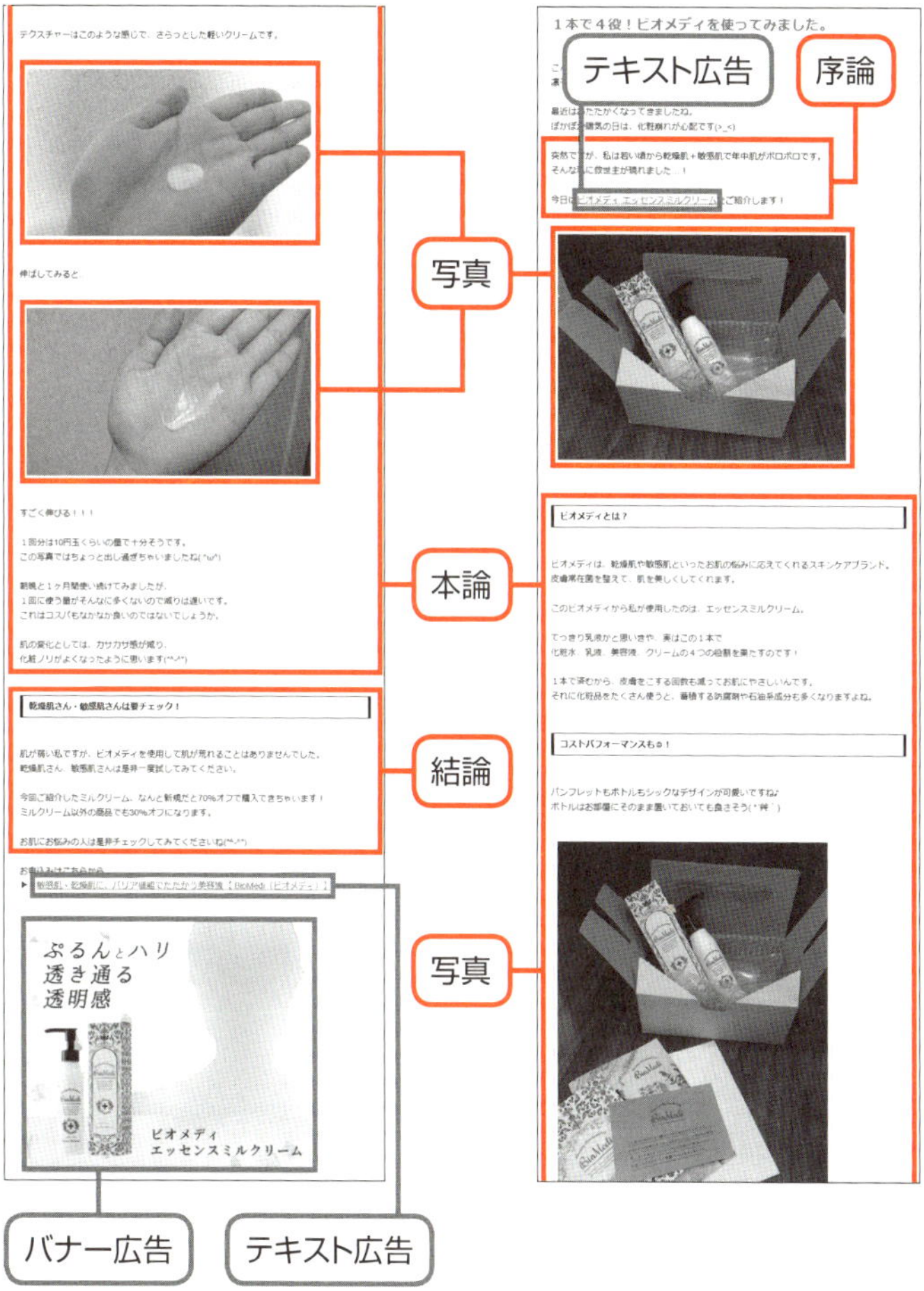

SECTION 20

# きれいな写真で訪問者の信頼度をアップさせる

基本

## 低クオリティな写真は記事の信頼度を下げてしまう

アフィリエイトでは、写真の印象が売上を大きく左右する場合もある。広告主によっては、広告とは別の画像を支給してくれる会社もあるが、自身で撮影した写真を掲載しているアフィリエイターがほとんどだ。撮影した写真を載せることでオリジナリティを出すことができ、商品の魅力も伝わりやすくなるので、信頼度もアップさせることができるのだ。記事のいちばん最初にきれいな写真を載せると、それがアイキャッチとなり読んでもらえる確率もアップするだろう。

しかし、自分で撮影した写真がクオリティの低い仕上がりでは、その写真で何を伝えたいのかがわからず、訪問者も記事の内容に不信感を抱いてしまう。写真がいまいち上手に撮れない人は、きれいな写真を掲載しているサイトや記事を参考にするのもひとつの手だ。次からは、写真を撮るうえでのコツや注意点などを解説していく。

## きれいな写真を掲載している記事の例

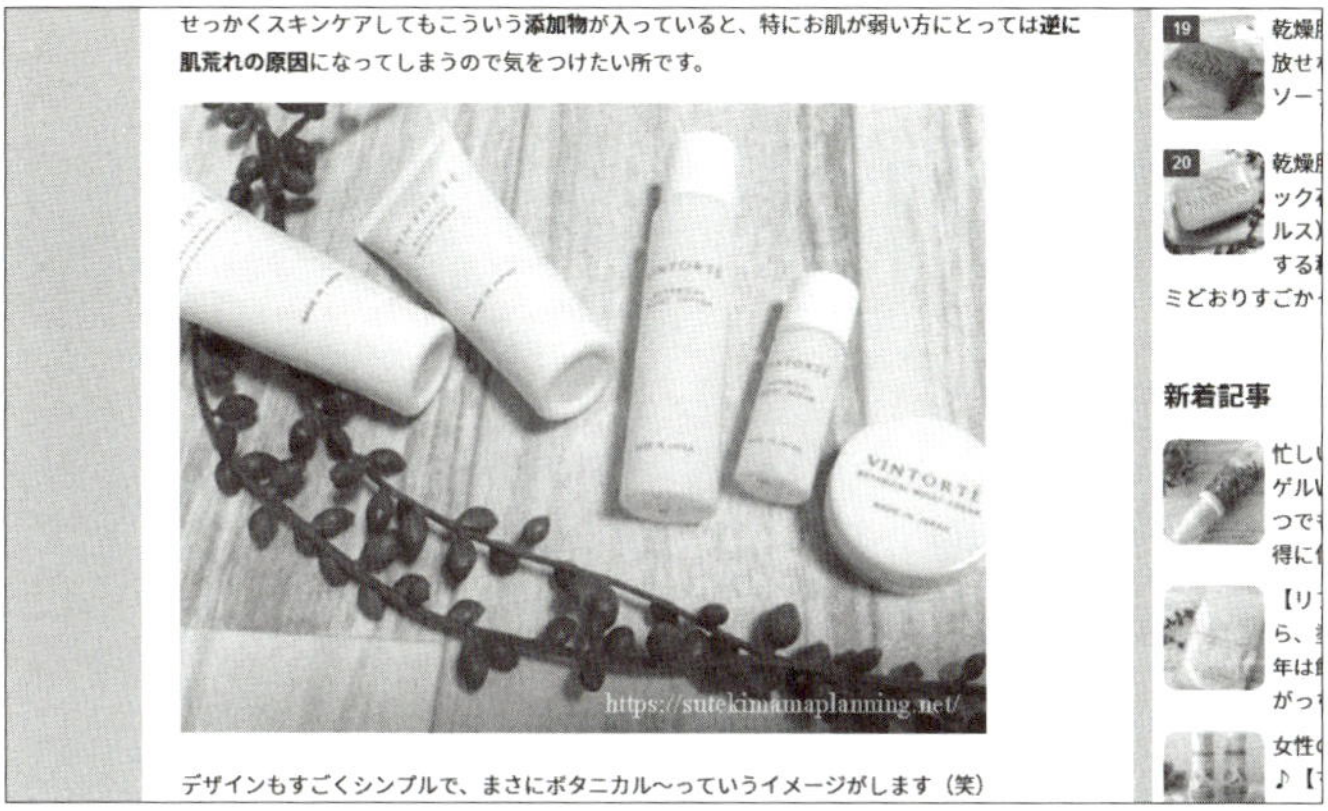


ボタニカル化粧品にマッチした植物の小道具と、明るい場所での撮影が雰囲気をぐっとよくしている。

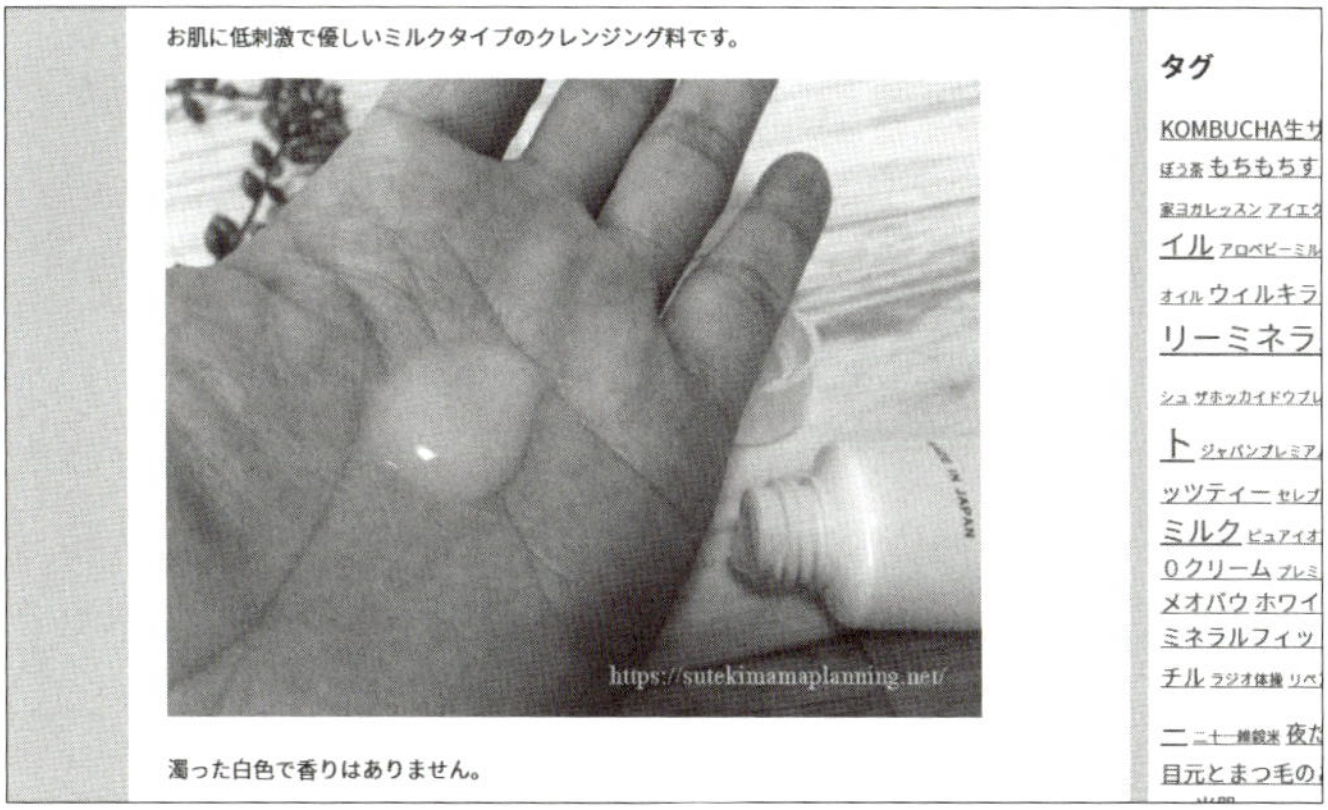


テクスチャーなど、実際に使用した人にしか撮れないような写真や情報も重要。
●素敵ママぷらんにんぐ　https://sutekimamaplanning.net/

## 写真を撮るときのコツや注意点

きれいな写真を撮るには、いくつかのコツや注意点がある。ここで解説するポイントをしっかり確認し、訪問者を引き付ける写真を撮影しよう。

まず、写真でいちばん大事なのは明るさだ。日中の自然光のもとで撮ると、やさしい雰囲気でなおかつ清潔感のある写真に仕上げることができる。日中に撮影できない場合は、カメラの設定で明るさを変更したり、撮影後に加工アプリで調整したりしよう。なお、写真を加工する場合は商品の色味や形が変わってしまわないよう注意が必要だ。

次に、被写体にしっかりとピントを合わせることとアップで撮ることも大切。商品の全体写真は、アイキャッチとなる最初の1、2枚だけで問題ない。商品を手に持ってみたり、使ってみたりした写真を撮ろう。

商品をより引き立たせるために、小道具を使って撮影するテクニックもある。布や造花は百円ショップなどでも手に入れることができるため、いくつか揃えておくと便利だ。広告主のサイトにも載っていないような写真を撮るのも、訪問者からの信頼度アップにつながるポイントである。また、撮影に本格的なカメラを用意する必要はない。スマートフォンのカメラでも、充分きれいな写真を撮ることができる。

## 写真を撮るときはここに気を付ける!

**☑日中の明るい場所で撮る**
写真は明るさがもっとも重要。日中の窓際で撮るなど、全体が明るい仕上がりになるよう心がける。どうしても暗くなってしまう場合は、カメラの明るさの設定を変更しよう。

**☑ピントを合わせてアップで撮る**
商品の全体像の掲載は1、2枚で充分。それ以外の写真はしっかりとピントを合わせてアップで撮ろう。全体写真をあとからトリミングしても問題ないが、画質の劣化に注意が必要。

**☑小道具をうまく使う**
小道具を使うことで商品が引き立つこともある。食べ物ならカトラリーやお皿、化粧品なら鏡や植物など。色が商品と被ってしまったり、物を置き過ぎたりしないようにしよう。

**☑加工し過ぎない**
アプリで写真に加工する際は、明るさ調整だけにとどめよう。写真全体の色を変えてしまうフィルターなどは、実際の商品の色味がわからなくなってしまうので避けたほうがよい。

SECTION 21

# 目指せ100記事！効率的な記事作成のポイント

基本

## 記事数の多いサイトは訪問者の信頼も得やすい

アフィリエイトでは、記事の数も収益に直結してくる。情報量が豊富で、常に最新の内容が載っているサイトは信頼度も高まり、SEO対策の面からでも、記事数は多いほうがよい。

また、記事数が多いことで、訪問者の目に触れる広告の数も必然的に増える。**アフィリエイターはいくつもの記事を定期的に更新し、最新の記事から過去の記事までに掲載した広告によって収入を得ているのだ。**一度投稿した記事は広告のリンクが切れない限り、収益を上げ続けてくれる。

アフィリエイトで成果を上げるためには、まずは**100件の記事を更新する**ことを目標にして取り組もう。100件を目標に数をこなしていくことで、次第にスムーズな書き方のコツをつかんだり、訪問者に響く文章がわかってきたりするだろう。

## 記事数の多いサイトのほうが見てもらいやすい

## 効率的に記事を作成する方法

初心者であれば、1本の記事を書くのに数時間かかってしまう人も少なくない。100件の記事を効率的に更新するためには、**何について書きたいのかを明確にすることや、サイトの機能の活用**がポイントとなる。

まず「何について書くのか」が明確になったら、必要な情報を一度リストアップしてみよう。それらの情報を、104ページで解説した「序論」「本論」「結論」に合わせて並び替え、文章を作成していくことで、伝えたいことを効率的にまとめることができる。

次に利用したいのが、ブログ作成サービスなどに備わっている投稿に関する機能だ。スキマ時間で書き進めた記事は**「下書き機能」**で保存し、外出先でも編集できるようにすることが可能。**「予約投稿機能」**では、就寝前になどに書いた記事をサイトの訪問者が読んでくれやすい時間に自動で投稿するようにもできる。これらの機能を活用して、100件以上の記事が更新できるようにしよう。

良質な記事を増やしていくことで、検索結果でも上位に表示されやすくなる。100記事を達成する頃には、アクセス数も徐々にアップするだろう。**過去の投稿からアクセス数や成約数が多かった記事を、テンプレートとして利用する**のも賢い方法だ。

## 効率的な記事作成の方法

**❶ 書きたいことを明確にする**

商品について「何を伝えたいか」を明確にして、箇条書きで情報を書き出す。そのあとに序論・本論・結論に合わせて文章を並び替える。

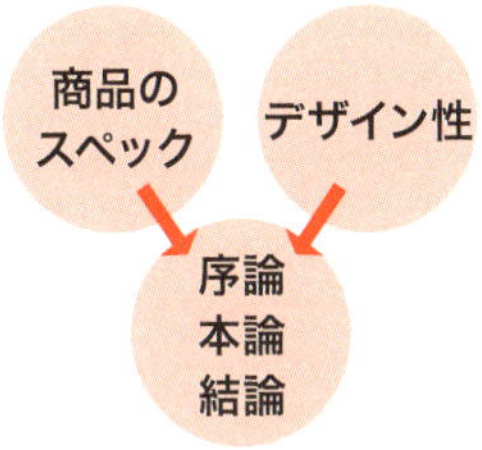
商品のスペック
デザイン性
序論
本論
結論

**❷ 下書き機能を利用する**

外出先や就寝前などのちょっとした時間にコツコツと書いた記事を、ブログの下書き機能で保存しておく。

**❸ 予約投稿機能を利用する**

書き終えた記事を予約投稿機能で自動的に更新されるようにしておく。書き溜めた何件かの記事を、それぞれ好きな時間に投稿されるように設定できる。

2018.04.02-12:00 予約
2018.04.01-12:00 予約
2018.03.31-12：00 予約
2018.03.30-12：00 予約

## COLUMN

# 化粧品やサプリメントを紹介するときの注意

美容や健康といったテーマの商品を紹介するとき、注意しなければならないのが「医薬品、医療機器等の品質、有効性及び安全性の確保等に関する法律」(以下薬機法)への抵触だ。薬機法とは、化粧品、医薬品、健康食品などが、許可された効果以外で宣伝されていないかを取り締まる法律。たとえば、「○○を使って○○が治りました」などといった根拠のない直接的な誇大表現はNGである。薬機法に違反すると、サイトの運営会社から忠告を受けたり、最悪の場合法的なペナルティが与えられたりする場合もある。薬機法では利用できる表現が細かく定められているため、自分の書いた文章が不安な場合は、「薬事法チェックツール」などを利用して確認してみよう。

### ●薬機法のNGワードとOKワード

| | NG | OK |
|---|---|---|
| ワード | すぐに痩せる | キレイになれる |
| | 色白になれる | ワントーン明るい肌に |
| | 若返る | 元気な体にする |
| | 髪が生える | 髪にハリとコシを与える |
| | ○○が消える | ○○を目立たなくする |
| | ○○が治る | ○○を整える |

# 4章

# もっと稼ぐためのアフィリエイトテクニック

SECTION 22

+α

# ASPにない商品は楽天やAmazonのサービスで紹介

## 楽天やAmazonでもアフィリエイトができる

84ページでも解説したように、楽天やAmazonの商品でも、アフィリエイトを行うことができる。ASPでのアフィリエイトをメインにしつつ、ASPにない商品は、楽天やAmazonのアフィリエイトを使って紹介するとよいだろう。

楽天市場の内の商品を紹介できる「楽天アフィリエイト」は、登録時に審査の必要がないため、サイトが未完成の初心者にも向いている。一度クリックした情報を保存する「Cookie」の有効期間が長く、一度広告をクリックして離脱した人が、30日の間に楽天市場内の別の商品を購入した場合でも、報酬を受け取ることができる。

Amazon内の商品を紹介できる「Amazonアソシエイト」は、何といってもジャンルの幅広さが魅力。Amazonは利用者も多く、訪問者に商品を購入してもらいやすい。ただし、Cookieの有効期間は24時間となるため、訪問者が衝動買いしたくなるようなコンテンツの作成が求められる。

# 楽天やAmazonでもアフィリエイトができる

●楽天アフィリエイト　https://affiliate.rakuten.co.jp/
楽天市場の商品を紹介できる。広告を一度クリックされれば、30日の間に別商品を購入されても報酬が受け取れる。

●Amazonアソシエイト　https://affiliate.amazon.co.jp/
Amazonの商品を紹介できる。送料無料の商品も豊富なので、Amazonで商品を購入する人も多い。

## 細かいジャンルで商品を紹介するなら楽天とAmazonを使う！

楽天アフィリエイトとAmazonアソシエイトは、商品の多さと売りやすさが特徴。楽天市場とAmazonに実際に掲載されている商品を紹介できるので、たとえば「人気小説の最新巻」や「最新のゲームソフト」といった、ほかのASPにはないような細かいジャンルの商品を紹介することができる。さまざまな商品を紹介したいという人は、ぜひ登録してみよう。

しかし、この2つのサービスは一般的なASPと比べて料率（報酬率）が低く設定されている。楽天アフィリエイトの料率は、どの商品においても基本的には一律1%。Amazonアソシエイトの料率は0.5〜最大10%。どちらも料率が低めなため、サイト自体に多くのPV数がないと売上アップにはつながらない。楽天アフィリエイトとAmazonアソシエイトのみで高収入を目指すのはなかなか難しいだろう。この2つのサービスに登録しているアフィリエイターは、商品が売れやすい楽天アフィリエイトとAmazonアソシエイトを利用しつつ、ほかのASPも併用しているケースが多い。報酬が安くて売れやすい商品でコツコツと成果を上げながら、通常のASPでは1つ売れれば高報酬をゲットできる案件を中心に取り組んでいこう。

## 楽天アフィリエイト

| | 楽天アフィリエイト |
|---|---|
| サイトの審査 | なし |
| 取り扱い商材 | 楽天市場内のほぼすべての商品<br>（楽天トラベル等のサービスも対象） |
| 料率 | 基本的には1% |
| 最低支払い額 | 1円〜（ポイント）<br>報酬が3,000ポイントを超えた場合は<br>楽天キャッシュでの受け取りも可能 |
| Cookie | 30日間 |

## Amazonアソシエイト

| | Amazonアソシエイト |
|---|---|
| サイトの審査 | あり |
| 取り扱い商材 | Amazon内のほぼすべての商品 |
| 料率 | 0.5〜10% |
| 最低支払い額 | 5,000円〜（口座振り込み）<br>Amazonギフト券での受け取りは500円〜 |
| Cookie | 24時間 |

SECTION 23

+α

# 収益に+αするならGoogleアドセンスを導入！

## Googleアドセンスとは？

アフィリエイトに慣れてきて、ASPとは別の広告からも収入を得たいと考えている人は、「Googleアドセンス」の導入を検討してみよう。

Googleアドセンスとは、インターネットサービスの大手企業であるGoogleが提供している広告システムのこと。コンテンツや訪問者の関心にマッチした広告が自動的に表示され、それがクリックされることで収益が発生する仕組みだ。

アフィリエイトとアドセンスの大きな違いについて説明しよう。アフィリエイトは広告の商品やサービスに申し込んでもらうことで収入を得られる「成果報酬型」であるのに対して、アドセンスは広告をクリックしてもらうことだけで収入を得られる「クリック報酬型」である。アドセンス広告はかんたんに収入を得られる分、報酬単価はそこまで高くはない。アフィリエイトとアドセンスを併用して稼ぐことで、安定した収益を得られるだろう。

## アフィリエイトとアドセンスの違い

| | アフィリエイト | アドセンス |
|---|---|---|
| 報酬を得る条件 | 広告主の設定した条件を満たす（成果報酬型） | 広告がクリックされる（クリック報酬型） |
| 報酬単価 | 高い | 低い |
| 広告の種類 | 自分が紹介したい商材の広告を自分で選べる | コンテンツや訪問者の関心にマッチした広告が自動で表示される |

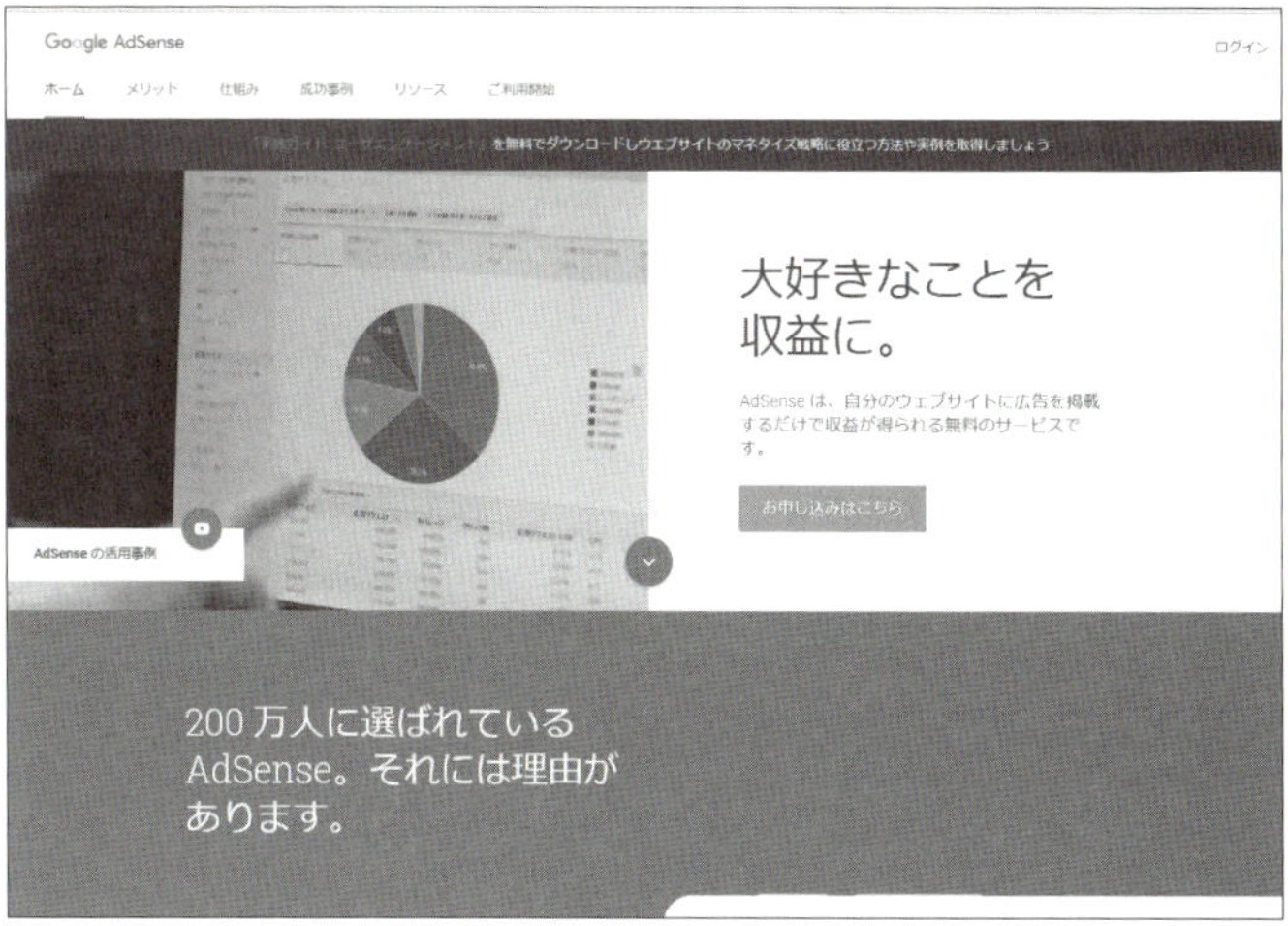


●Googleアドセンス　https://www.google.com/adsense/login/ja/
Googleが提供する広告システム。登録には独自ドメインを取得したサイトでの審査が必要となる。

## サイトにGoogleアドセンスを導入する

**無料ブログでの審査は申し込めない**ため、**独自ドメイン**を取得したサイトを用意する必要がある。

Googleアドセンスの利用には審査が必須だ。また、無料ブログでの審査は申し込めないため、独自ドメインを取得したサイトを用意する必要がある。

審査の対象となるポイントは、記事の内容、数、質などとされており、内容の薄い記事や投稿数が少ないサイトは、不合格となる確率が高い。「これまでに無料ブログで多くの記事を書いてきたけど、アドセンスの審査のためにサイトを一から作りたい」という人は、ブログのデータをエクスポート（データ出力）して、独自ドメインを取得した新しいサイトにインポート（データ取り込み）してもよいだろう。

サイトの用意ができたら、Googleアドセンスのトップページから「お申し込みはこちら」をクリックし、画面の指示に従って情報を入力していく。操作を進めると**審査用の広告コードが表示されるので、そのコードをサイトのトップページに貼り付ける。**「サイトにコードを貼り付けました」にチェックを入れて「完了」をクリックすると、Googleによる審査が開始される。数日後、合格の場合のみ登録したメールアドレスにメッセージが届く。審査に不合格となってしまった場合は、サイトの見直しを行って再審査の申請をしよう。

## Googleアドセンスの導入の流れ

**❶ Googleアドセンスにアクセス**

Googleアドセンスのトップの「お申し込みはこちら」をクリックし、サイトのURLとメールアドレスを入力する。

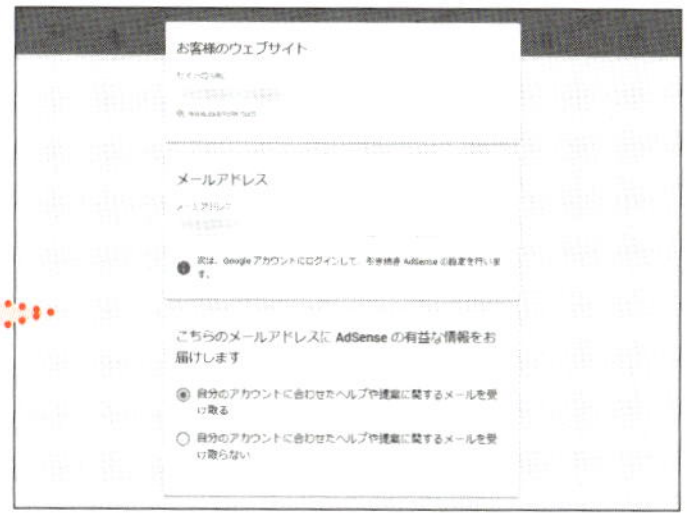


**❷ アドセンスアカウントを作成・確認コード入力**

ログインしたら、国を選択し、利用規約にチェックを入れて次へ進む。次の画面で個人情報を入力すると、アカウントが作成される。その後、確認コードを受け取り入力する。

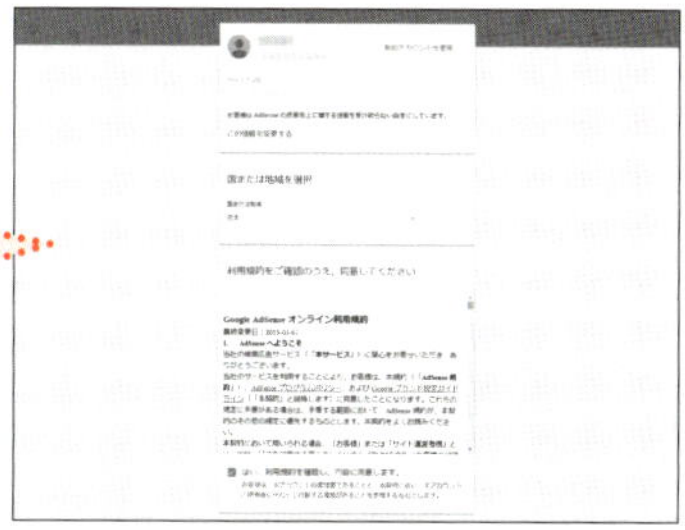

**❸ 審査用コードの貼り付け**

表示される審査用の広告コードをサイトのトップのHTMLに貼り付け、「サイトにコードを貼り付けました」にチェックを入れて「完了」をクリックすると、Googleによる審査が行われる。

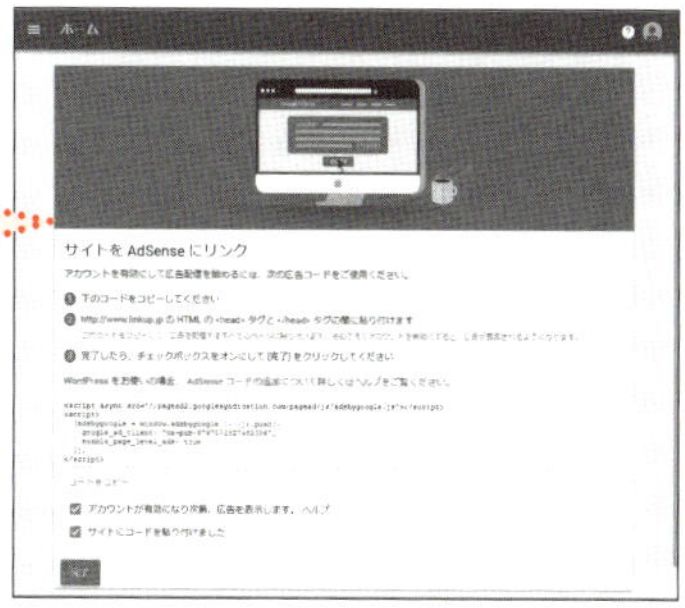

## アドセンス広告を貼る場所のポイント

アドセンス広告はクリックされるだけで収入を得られるからといっても、ただやみくもに貼ればよいというわけではない。エリアによって効果が変わることを理解したうえで、アドセンス広告の場所を考えよう。

アドセンス広告は、まずはメニューバーの右上に固定するのが一般的だ。114ページで解説した通り、サイトを見るときに人の視線はZのような流れで動くため、**メニューバーの右上は目に留まりやすいエリア**とされている。

次は、記事の最初の見出しの前に設置しよう。**Googleアドセンスでは、訪問者が関心を持つと思われるコンテンツの近くに広告を配置することを推奨している。**記事付近は、Googleアドセンスのシステムで記事の内容にマッチした広告が表示されるため、訪問者に警戒されることなくクリックしてもらえるのだ。

記事の最後に貼られた広告のクリック率はあまり高くないといわれているが、記事を最後まで読んでくれた訪問者がクリックしてくれる可能性もあるため、設置しておいてもよい。なお、1記事につき載せるアドセンス広告は3つほどにしておこう。

## アドセンス広告を貼るのに適した場所

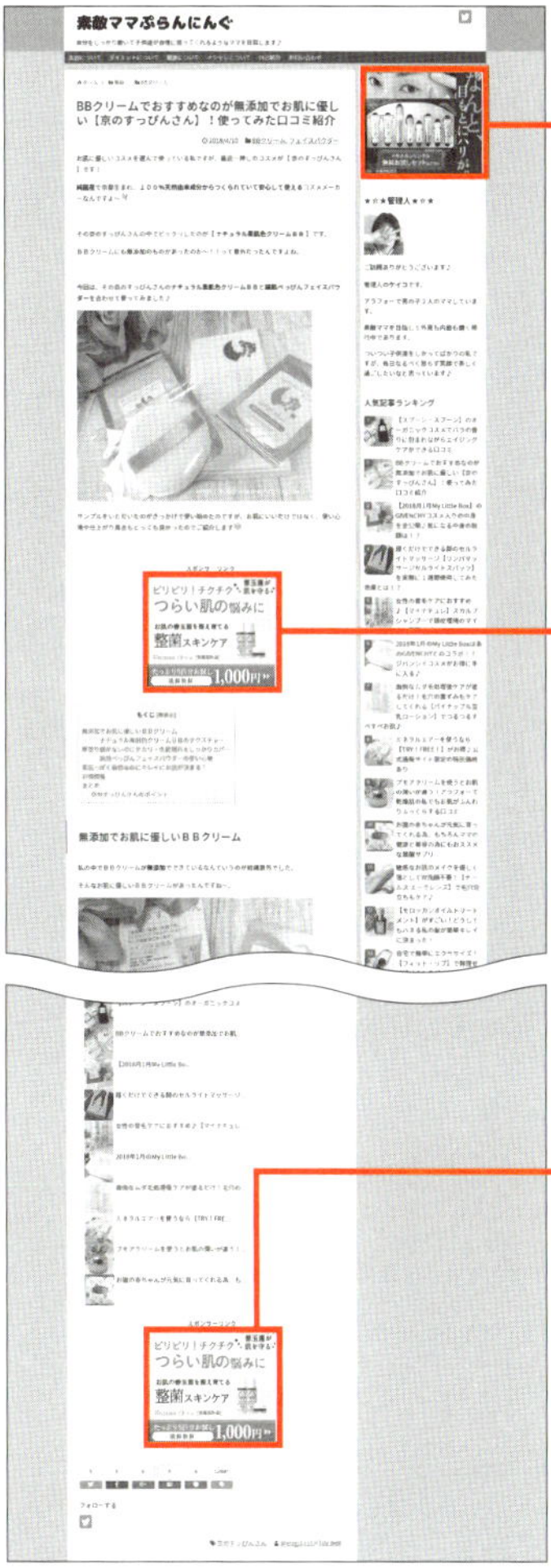


**❶ メニューバーの右上**
Zの法則（114ページ参照）により、人はこの位置に目が留まりやすい。ページを移動してもメニューバーは固定されているため、ここに広告を表示しているサイトは多い。

**❷ 記事の最初の見出し前**
記事の内容にマッチした広告が表示されやすくなる。見出し下に配置してしまうと、訪問者に警戒されやすくなってしまうので注意が必要。

**❸ 記事の最下部**
記事を最後まで読んでくれた訪問者を拾える大事な場所。

●素敵ママぷらんにんぐ
https://sutekimamaplanning.net/

SECTION 24

# ASPの機能を活用してお得に記事を書く

+α

## 自己アフィリエイトやセルフバックを活用する

各ＡＳＰには、「本人申し込みＯＫ」とされている「自己アフィリエイト」プログラムが多く用意されている。自己アフィリエイトとは、アフィリエイター自身がサイトに貼った広告から商品の購入を行うこと。自身の購入も成果に反映されるので、その成果分、商品をお得に手に入れられるという仕組みだ。

さらにＡ８．ｎｅｔでは、「セルフバック」という自己アフィリエイトサービスが展開されている。セルフバックは通常の自己アフィリエイトとは異なり、広告を貼らなくても、直接広告主のサイトから商品の購入をすることで報酬を得られる。セルフバックによるキャッシュバック金額は広告主によってさまざまだ。中には成果報酬１００％の案件もあるので、**実質無料で商品を手に入れられる**ことも。セルフバックで購入した商品の感想を広告とあわせて紹介することで、自分で購入した分の報酬と訪問者が購入した分の報酬、両方を受け取ることができるのだ。

## A8.netのセルフバックの仕組み

**❶ 商品を選ぶ**

A8.netのセルフバックページ(https://pub.a8.net/a8v2/selfback/asIndexAction.do)から、購入したい商品を選ぶ。

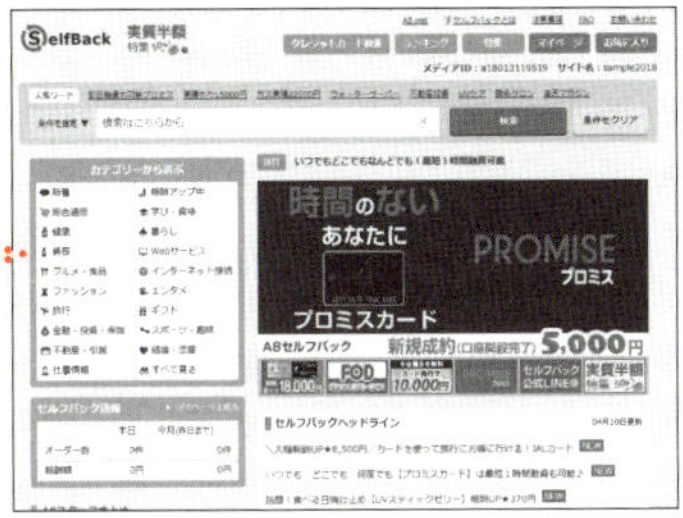


**❷ 商品を購入**

詳細を確認し、広告主のサイトから商品を購入する。購入後、成果報酬が発生する。

## セルフバック商品でさらに稼ぐ

**❶ 購入した商品の記事を書く**

セルフバックで購入した商品の感想を広告とあわせて記事にする。

**❷ 購入された分の報酬もゲット**

セルフバック経由の報酬 & 広告リンク経由の報酬

## ＡＳＰのランクに応じてお得なサービスが受けられる！

ＡＳＰの中には、アフィリエイトでの**確定報酬額に応じたランク制度**が設けられているサービスもある。ＡＳＰごとに内容は異なるが、ランクアップすれば料率の変更などのサービスを受けることができる。

代表的なＡＳＰのＡ８．ｎｅｔでは、過去３ヶ月の確定報酬額の合計額を12段階でランク分けしており、最高ランクになると、**報酬額アップや手厚いサポートサービス**などが用意されている。

また、楽天アフィリエイトでは、毎月の確定報酬額をもとに５段階に分けられ、広告を提供するショップによっては、その**ランクに応じた料率**を設定しているところもある。

そのほかにも、アクセストレードの「提携ランク」やもしもアフィリエイトの「サイトオーナーランク」など、ＡＳＰによってランクの種類や基準はさまざまなので、自分が登録しているＡＳＰのランク設定は必ずチェックしておくとよい。

上位ランクになればなるほど特典が受けられるので、さらに稼いでいこうというモチベーションアップにつながる。コツコツとランクアップを目指して稼いでいき、特典で大きく売上を伸ばしていこう。

## ランク制度があるASP

**メディアランク別特典**

| メディアランク | 報酬基準額（3ヶ月合計） | 新プログラム検索 | EPC | 確定率 | 特別単価希望フォーム | ? | ? |
|---|---|---|---|---|---|---|---|
| チャレンジ | 0円 | - | - | - | - | - | - |
| レギュラー | 1～499円 | - | - | - | - | - | - |
| ホワイト | 500～4,999円 | ● | - | - | - | - | - |
| パール | 5,000～19,999円 | ● | - | - | - | - | - |
| ブロンズ | 20,000～49,999円 | ● | - | - | - | - | - |
| シルバー | 50,000～99,999円 | ● | - | - | - | - | - |
| ゴールド | 100,000～199,999円 | ● | ● | ● | - | - | - |
| プラチナ | 200,000～?円 | ● | ● | ● | ● | - | - |
| ブラック | ? | ● | ● | ● | ● | - | - |
| ブラックS | ? | ● | ● | ● | ● | ● | - |
| ブラックSS | ? | ● | ● | ● | ● | ● | - |
| レッドベリル | ? | ● | ● | ● | ● | ● | ● |

※メディアランクの報酬基準額は、成果確定レポートの税抜金額を参照しています。

●A8.net　メディアランク別特典
https://pub.a8.net/a8v2/asRankHelpLinkAction.do
過去3ヶ月の確定報酬額の合計額を12段階で評価している。

**ランクを上昇させれば成果報酬アップのチャンス！** ※一部のショップでは、料率ランクが上がれば上がる程成果報酬率を高く設定しています。

**料率ランクの基準**

| ランク | 確定売上額/月 |
|---|---|
| S | 1億円以上 |
| A | 1,000万円以上 1億円未満 |
| B | 100万円以上 1,000万円未満 |
| C | 5万円以上 100万円未満 |
| D | 5万円未満 |

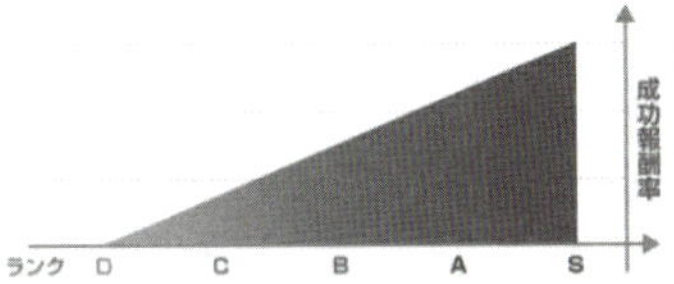


一部のショップでは、料率ランクが上がれば上がるほど、成果報酬料率を高く設定しているので、料率ランクアップが売上アップにつながります。

●楽天アフィリエイト　料率ランク
https://affiliate.rakuten.co.jp/guides/rank/
毎月の確定報酬額に応じて5段階に分けられる。

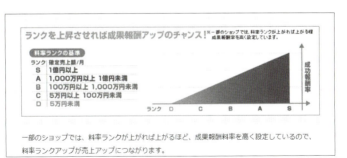

SECTION 25

+α

# 季節ごとのイベントは稼ぎどき

## 季節のイベントはアフィリエイターにとって大きなチャンス

日本では、**四季の中でさまざまなイベント**が行われる。世の中が活気付くイベント時期は、アフィリエイターにとって売上を大きく伸ばす絶好のチャンスだ。

百貨店やECサイトなどでは、イベントの関連商品の需要を予想し、数ヶ月前から売り出しを始めているところがほとんど。そして全国の人が、関連商品を購入するために数ヶ月前から店舗を見たり、検索エンジンから情報を調べたりしている。イベント前には関連商品の検索数がアップし、**アフィリエイトサイトへの流入も増えてくる**のだ。このタイミングを狙ってアプローチを仕掛けよう。

まずは**季節ごとの主なイベント**を把握し、そのイベントではどのようなキーワードや商品に需要があるのかを考えてみよう。年間行事や販促に役立つアイテム、その月の世の中の動向などがまとめられた「販促カレンダー」を公開しているサイトもあるので、参考にしてみてもよいだろう。

## 季節ごとの主なイベント

| 1月 | 2月 | 3月 | 4月 |
| --- | --- | --- | --- |
| お正月<br>新年会<br>成人式 | バレンタイン<br>入試 | ひな祭り<br>ホワイトデー<br>卒業<br>引っ越し | 新生活<br>入学<br>入社<br>お花見 |
| **5月** | **6月** | **7月** | **8月** |
| 母の日<br>子供の日<br>ゴールデンウイーク | 父の日<br>結婚式<br>ボーナス商戦<br>お中元<br>梅雨 | 夏休み<br>旅行<br>海<br>キャンプ | 夏休み<br>お盆休み |
| **9月** | **10月** | **11月** | **12月** |
| 敬老の日<br>防災<br>スポーツ | 運動会<br>学園祭<br>ハロウィン<br>読書 | お歳暮<br>ボーナス商戦<br>七五三 | クリスマス<br>忘年会<br>年末セール<br>年賀状<br>大晦日 |

## イベント前の準備をしっかり行う

季節ごとのイベントや売れそうな商品を把握したからといって、その時期にだけ商品の情報を発信すればよいというわけではない。たとえば、バレンタインに関連するお菓子やプレゼントといった商品を2月14日に紹介しても、検索エンジンがキーワードを認識するまでのタイムラグもあり、大きな売上にはつながらないだろう。アフィリエイトでは、**季節商品は「早売り」を意識しておく**ことがポイントだ。

ここでは例として、アパレル業界の売り出し時期を考えてみよう。ほとんどの店舗では、夏に使う水着やサンダルを春に、冬に使うコートやマフラーを秋に、といったようにその季節より少し前に商品を販売していることが多い。これはアフィリエイトにおいても同様で、しっかりと売上を作っていくには、**イベント当日の2〜3ヶ月前**から広告選びや記事作りの準備をしなければいけないのだ。

しっかりと準備ができたら、その商品の需要時期が近付くにつれて、少しずつ商品（広告）の点数や紹介記事を増やしていこう。**1つのイベントにつきいくつかの商品を紹介**することでサイトの閲覧率も高まり、売上にも成果が見られるようになるだろう。

## イベント時期のアフィリエイトは アクセス数&売上アップのチャンス

アフィリエイター
まだ10月だけど、そろそろクリスマスに向けた準備をしないと!

| | |
|---|---|
| ・ペアアクセサリー | ・シャンパン |
| ・腕時計 | ・スイーツ |
| ・マフラー | ・テーブルコーディネートグッズ |
| ・パーティーグッズ | ・ドレス |
| ・コスプレグッズ | ・エステサロン |

イベントの関連商品や売れそうな商品の広告をピックアップし、イベント当日まで複数の記事を更新していく。

↓

クリスマスプレゼントの情報を探していたらよいサイトがあった♪

これまで訪問してくれたことがなかった人が、イベントに関連するキーワードで検索結果からアクセスしてくれる。

SECTION 26

# 関連商品や記事を見せて広告クリックの機会を増やす

+α

## 紹介する商品の関連商品も一緒に紹介すると効果的！

アフィリエイトに慣れてきたら、**広告のクリック率**や**サイトの回遊率**をアップさせることを意識した記事作りを行おう。そのためのひとつの方法として、関連商品や記事を表示させることが効果的だ。

たとえば、ダイエット食品の記事の下に関連記事としてダイエット器具の記事があったら、ダイエットを目的としている訪問者は「ついでに見てみよう」という気持ちになるだろう。この**「ついで読み」**をさせることが、さらなる成果アップのポイント。

また、過去に紹介した商品を自然な形で再度紹介するなら、「以前に紹介した同じシリーズの○○は、今回紹介する△△とは違い…」などといった書き方をするとよいだろう。そして「詳しくはこちら」というように、過去の記事へと促す。

**それぞれのページに関連商品や記事のリンクを設置**すれば、より多くのページを閲覧してもらえ、その分広告のクリック率も増えるのだ。

## 関連商品の記事をあわせて掲載する

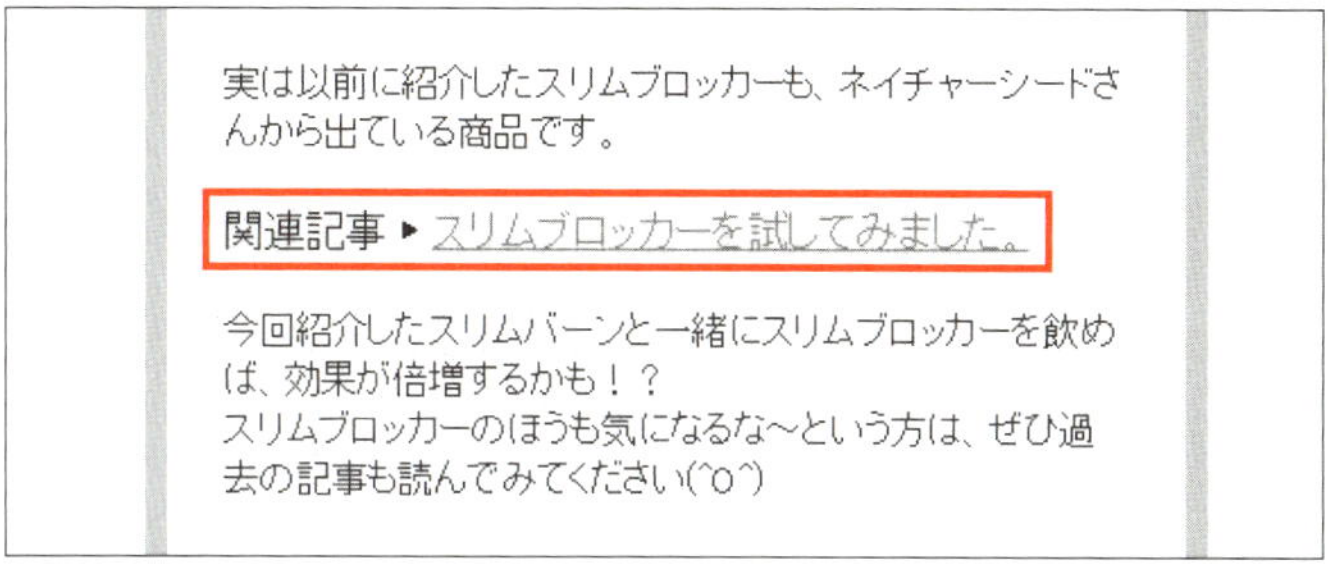
実は以前に紹介したスリムブロッカーも、ネイチャーシードさんから出ている商品です。
関連記事 ▶ スリムブロッカーを試してみました。
今回紹介したスリムバーンと一緒にスリムブロッカーを飲めば、効果が倍増するかも！？
スリムブロッカーのほうも気になるな〜という方は、ぜひ過去の記事も読んでみてください(^o^)

## 記事の内容や商品でカテゴリ分けする

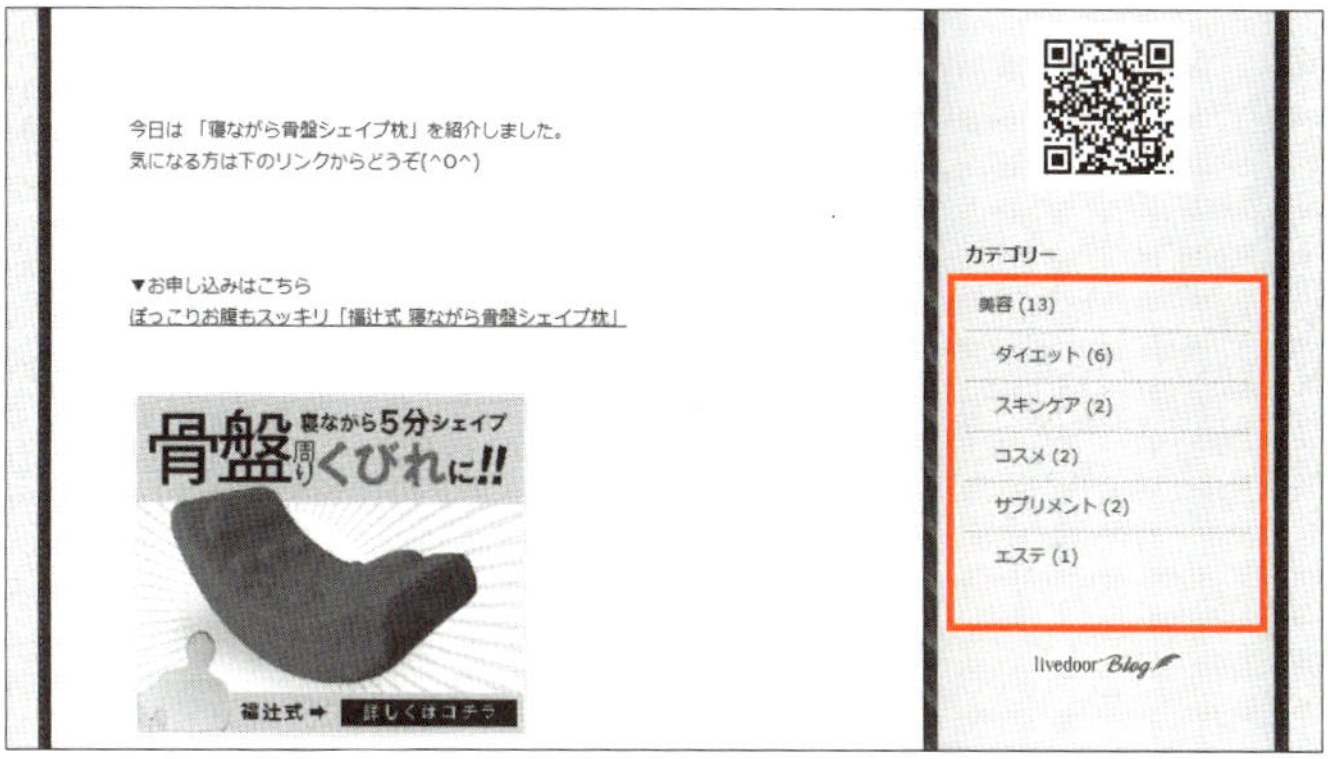
今日は「寝ながら骨盤シェイプ枕」を紹介しました。
気になる方は下のリンクからどうぞ(^o^)
▼お申し込みはこちら
ぽっこりお腹もスッキリ「福辻式 寝ながら骨盤シェイプ枕」
骨盤周りくびれに!!
寝ながら5分シェイプ
福辻式➡
詳しくはコチラ
カテゴリー
美容 (13)
ダイエット (6)
スキンケア (2)
コスメ (2)
サプリメント (2)
エステ (1)
livedoor Blog

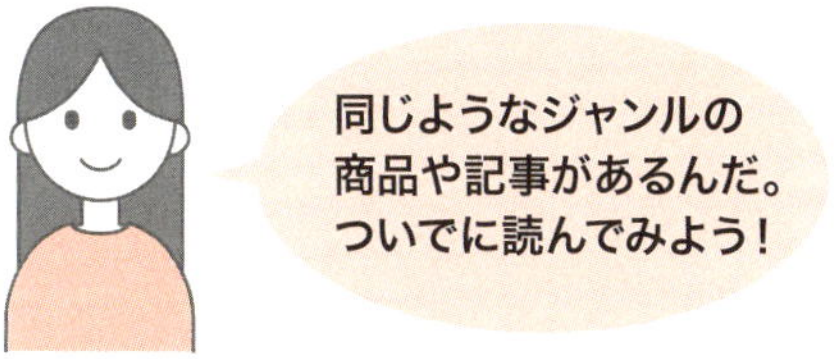
同じようなジャンルの
商品や記事があるんだ。
ついでに読んでみよう！

## 関連記事・人気記事はブログの機能やプラグインで表示させる

関連商品の記事を積極的に紹介するといっても、記事の数が多くなってくると、いちいち過去の記事をすべて確認してリンクを張るのも大変だろう。その場合は、ブログサービスの機能を使って関連記事を紹介すると手間が省ける。

無料のブログ作成サービスを利用している場合は、**記事の投稿時にカテゴリやタグを設定**できる。記事で紹介する商品ごとに、「ダイエット」「スキンケア」「グルメ」「ファッション」などといったように、カテゴリやタグを設定して記事を振り分けておこう。

カテゴリ分けした記事はメニューバーなどに表示させておくと、**訪問者も興味のあるカテゴリの記事だけを読むことができる**うえに、関心のない内容の記事を読んで離脱されることも少なくなる。さらに、カテゴリ分けはSEO面でも非常に効果的だ。適切なカテゴリ分けがされているサイトは、検索エンジンにしっかりテーマを認識してもらうことができ、検索結果の上位表示に表示されやすくなる。

また、WordPressでは、記事下やメニューバーに**関連記事や人気記事を表示するプラグイン**（147ページ参照）もある。記事数が増えてきたら積極的に取り入れてみよう。

## ブログの機能やプラグインを利用する

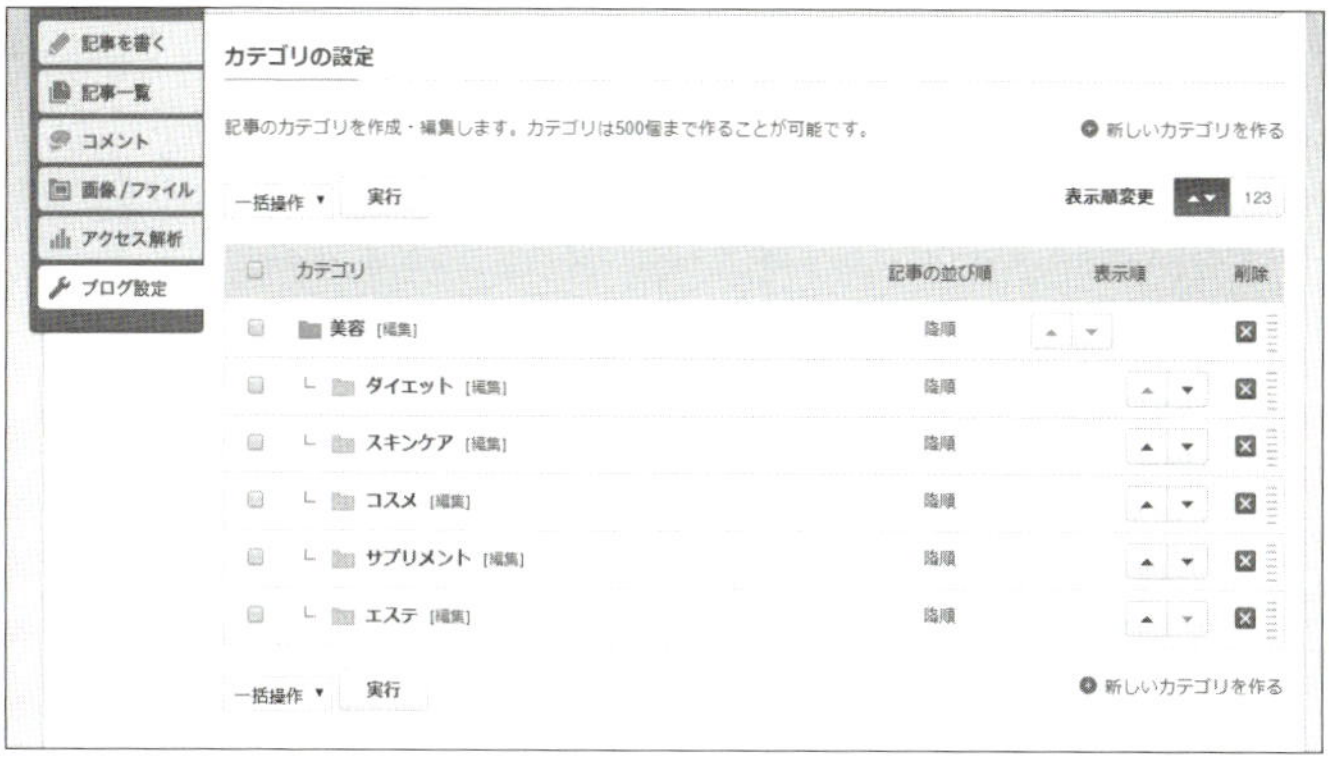


●livedoor Blog

カテゴリやタグを設定することが可能。記事を人気順に表示させるブログパーツも用意されている。

●Related Posts

https://ja.wordpress.org/plugins/wordpress-23-related-posts-plugin/

記事の下に関連記事を表示させるプラグイン。

SECTION 27

+α

# リンク切れなどのメンテナンスも定期的に行う

## リンクの多いアフィリエイトサイトはリンク切れに注意

アフィリエイトサイトを運営するうえで気を付けなければならないことのひとつに、「リンク切れ」というものがある。これは、過去の記事の広告をクリックしたときにエラーが出てしまう現象のこと。

広告リンクは永久に有効なわけではなく、広告主が定めた期間やキャンペーンが終了してしまうと、その広告は無効になる。アフィリエイトサイトには多くのリンクを張っているので、リンク切れには注意したい。**リンク切れの多いサイトは、訪問者の信用を損ねてしまうこともある。**また、人為的なミスでリンク切れを起こしてしまわないよう、広告コードのコピー&ペーストはしっかり確認しながら行おう。

なお、リンクが有効であったとしても、まれに商品の価格や仕様、パッケージなどが変わっている場合もある。そういったときには広告主のサイトをもとに情報を更新し、**訪問者には常に最新の情報をお知らせできるようにしよう。**

## 広告がリンク切れとなってしまう主な要因

**❶ 商品の販売が終了した**
アフィリエイト広告で出される商品は、すべてが通年商品とは限らない。期間限定の商品がアフィリエイト広告で出されることも多い。

**❷ 広告主がアフィリエイト広告の提供を取り止めた**
さまざまなアフィリエイターに商品を紹介してもらっても、思ったように売上が伸びなかったなどの理由で、広告主が広告の提供を止めることもある。

**❸ アフィリエイト広告の掲載期間が終了した**
広告主側で決めた掲載期間やキャンペーンが終了した場合、商品の販売自体はまだ行っていても、アフィリエイト広告はリンク切れになることがある。

**❹ 広告コードが正しくコピー＆ペーストされていなかった**
各プログラムから広告コードをコピーする際に、最後の１文字をコピーし損ねていたり、貼り付け時に関係のないテキストを混ぜてしまったりなどで、エラーになってしまう。

## リンク切れチェックに便利なツール

記事数が少ないうちは、ひとつひとつ手動でリンクをクリックして確認できるが、更新頻度の多いサイトにはそのような手間と時間をかけることができない。そんなときに利用したいのが、リンク切れをかんたんにチェックできるツールだ。

リンク切れの検出のみに特化したツールでは、「リンク切れチェックツール」がおすすめ。サイトのトップページのURLを入力するだけで、リンク切れのあるサイト内のページをすべて表示してくれる。「エラーのリンク」「応答のないリンク」「転送されているリンク」というように、何が原因でリンク切れになっているのかも一覧で確認することができる。

WordPressでサイトを作成している場合は、プラグインの「Broken Link Checker」を導入するとよいだろう。リンク切れを自動的に検出し続けてくれる非常に便利な拡張機能なので、追加の手間はかかるが導入の価値は充分にある。まずはメニューの「プラグイン」から「Broken Link Checker」を検索してインストールしよう。プラグインを有効化すると初回のチェックが行われ、数分後にリンク切れが表示される。

## リンク切れの確認に便利なツール

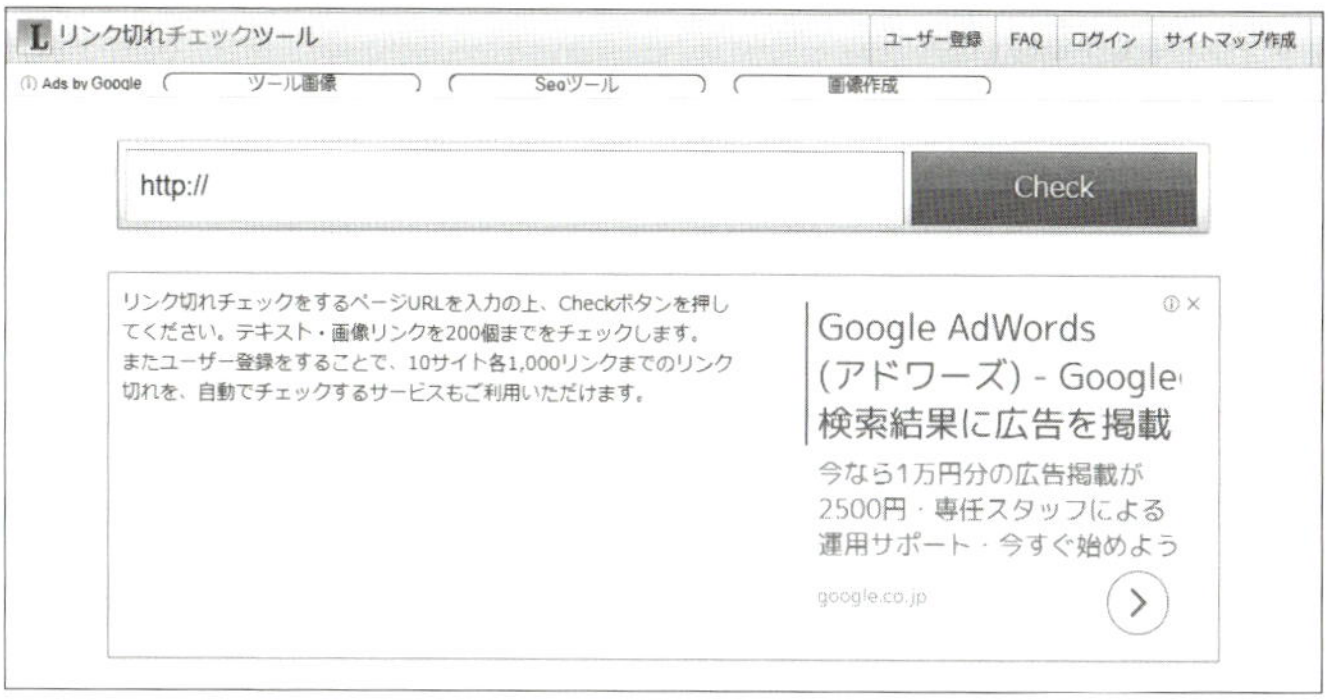


●リンク切れチェックツール　http://link-check.jp/
URLを入力するだけで、リンク切れのページを表示してくれる。どういう理由でリンク切れになっているのかも確認できる。

●Broken Link Checker
https://ja.wordpress.org/plugins/broken-link-checker/
WordPressで使うことができるプラグインのひとつ。

SECTION 28

# 複数サイト運営で一気に収益を上げる

+α

## 複数サイトの運営に挑戦してみる

アフィリエイトでは、ブログやホームページを必ずしも1つしか運営できないというわけではない。アフィリエイトで大きく稼いでいる人は、複数のサイトを運営していることが多い。サイトを新たに立ち上げることで管理や更新の手間は増えるが、紹介できる商品とターゲットの幅が広がり、収益を大きく伸ばせるからだ。

新しいサイトを立ち上げたいと考えている人は、既存のサイトである程度収益が出せるようになってからにしよう。サイトの作り方や記事の書き方、成果を上げるノウハウが身に付いていれば、立ち上げから運営までの作業がスムーズに行える。収入アップのために複数のサイトを立ち上げたのに、管理や更新が面倒になって成果が落ちてしまっては、元も子もない。また、既存のサイトに固定ファンが付いていれば、新しいサイトを立ち上げたときにそのファンの流入が大いに期待できる。そのため、まずは1つ目のサイトの作成に注力し、サイトのクオリティや記事の質の向上を目指そう。

## 複数のサイトで収益をアップさせる

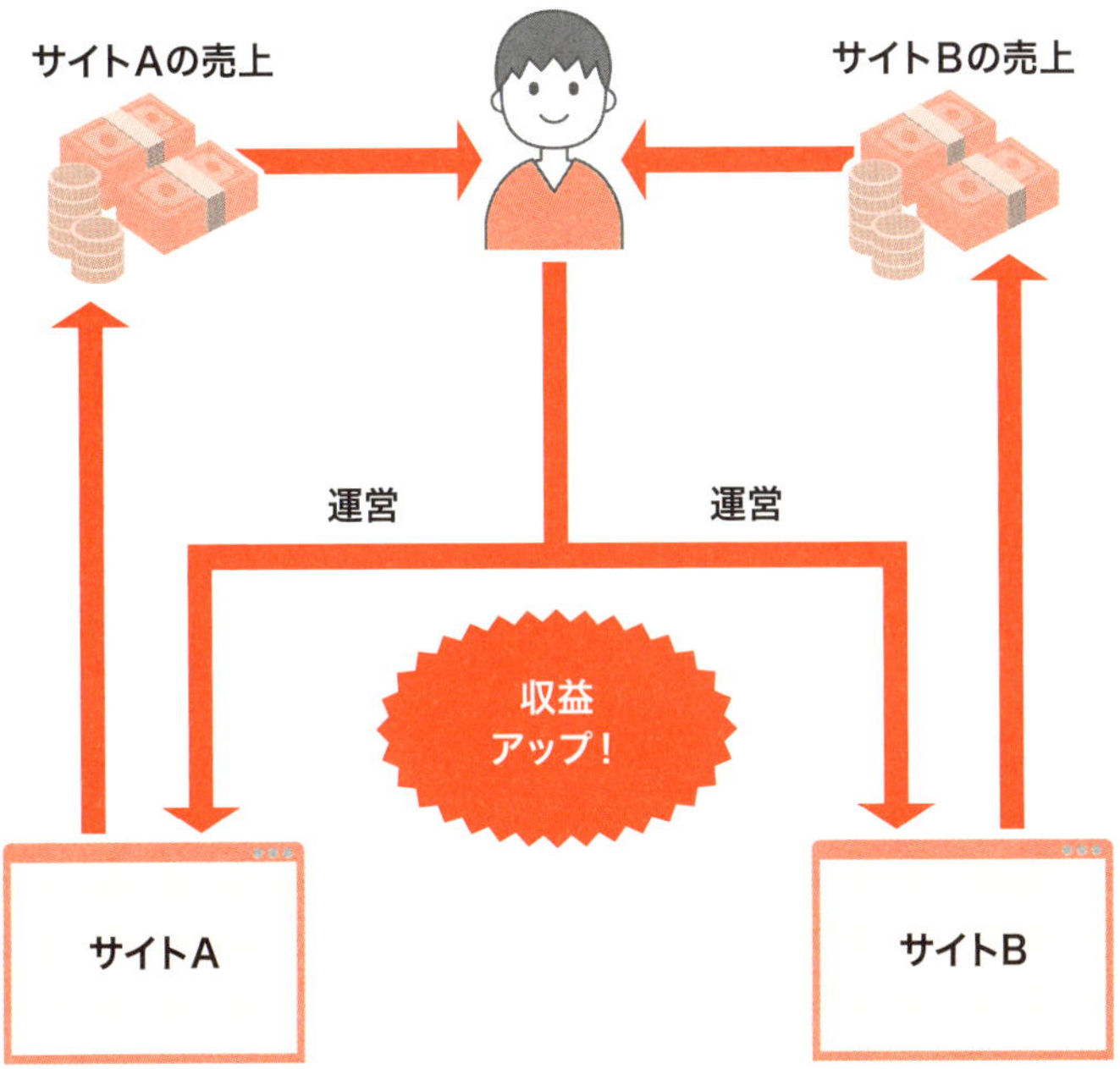


## 複数のサイト運営のメリット

❶ 売上アップにつながりやすい
❷ ほかのサイトの売上をカバーし合える
❸ 紹介できる商材の幅が広がる
❹ 新規の訪問者を開拓できる
❺ 経験を活かして作業ができる

## 新しいサイトの活用方法はさまざま

新たに作ったサイトでは、収益をアップさせるためにさまざまな活用方法がある。

1つ目は、**既存のサイトとは別のテーマに挑戦してみる**こと。基本的にアフィリエイトで扱うテーマは、1サイトにつき1テーマだ。テーマごとに紹介できる商品やターゲット層が異なるため、新しい情報を発信していきたいなら、思い切って既存のサイトと別のテーマを取り扱ってみよう。

2つ目は、**人気のあったジャンルをスピンオフする**こと。既存のサイトのテーマが「美容」で、その中でもダイエットに関する記事が常に成果を上げていれば、ダイエットの情報に特化したサイトがよいだろう。これまでに更新した記事のアクセス数や広告の成果をチェックして、人気のあったジャンルを洗い出してみよう。

また、複数のサイトを立ち上げる際には、既存のサイトのメニューバーなどに、「こんなサイトも運営しています」と別のサイトのリンクを貼っておこう。そしてそのリンク先のサイトのほうでも同じように既存のサイトのリンクを貼っておく。**同じ管理人が運営していることがわかれば、訪問者も安心感を覚え、サイトに興味を持ってもらいやすくなる。**

## 別のテーマの挑戦してみる

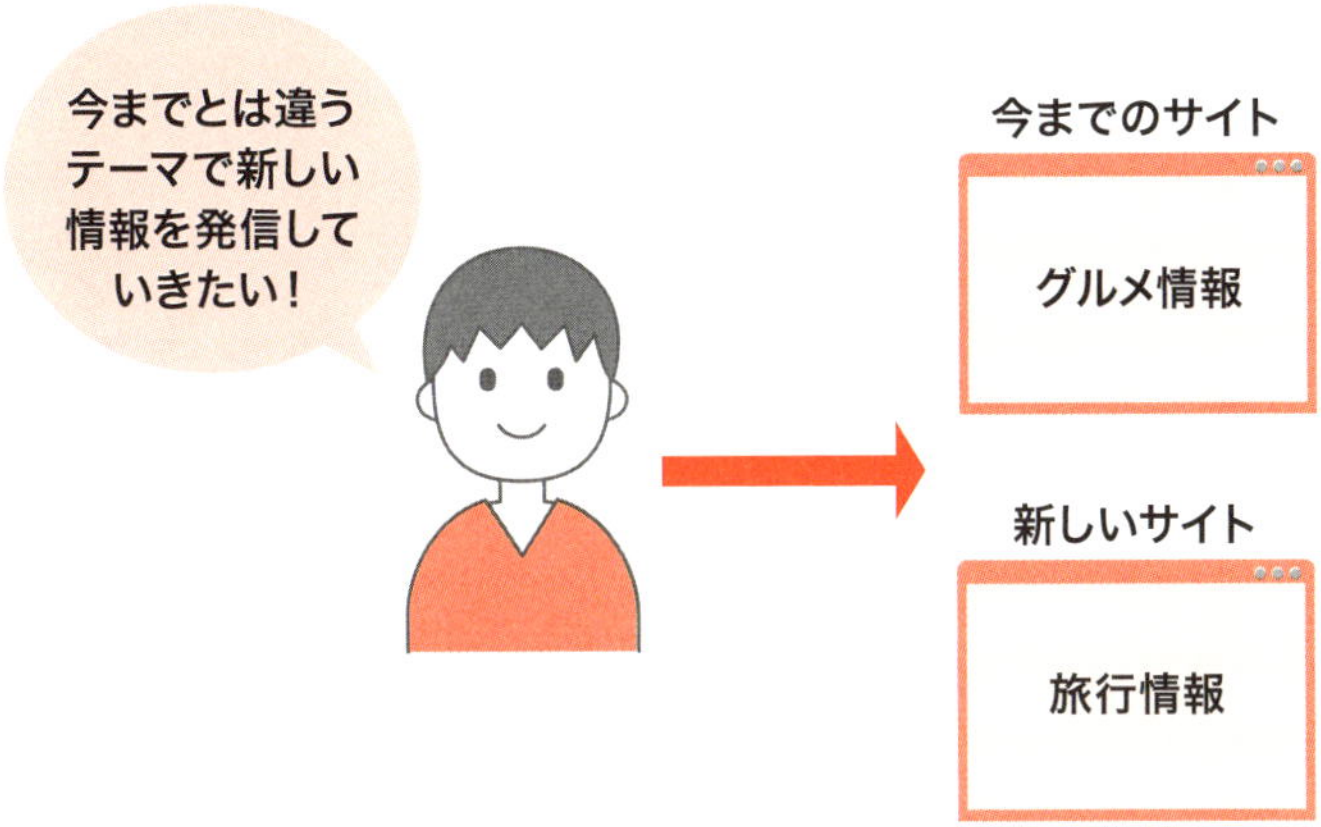


## 人気ジャンルを派生させる

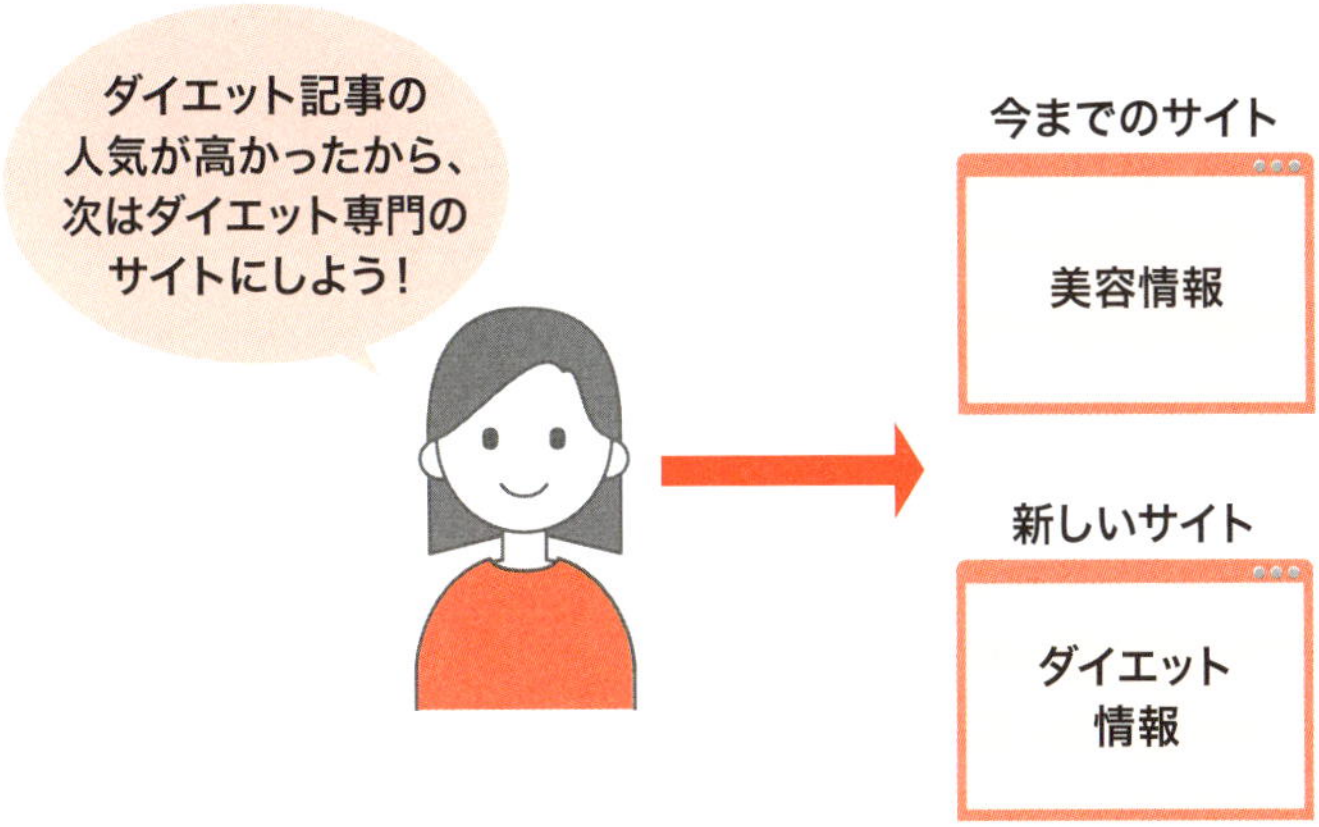

SECTION 29

+α

# アクセス解析を利用してサイトを改善する

## 改善ポイントを見つけて効率よく収益に繋げる

ある程度サイトにアクセス数が集まるようになったら、アクセス解析サービスを導入することも考えよう。無料ブログサービスにはアクセス解析機能が付いているものもあるが、そういったアクセス解析は、アバウトなものも多く、参考にならない場合もある。なので、詳しくアクセス解析をしたいと思ったら、Google Analyticsやアクセス解析研究所などの高性能なアクセス解析サービスを導入したほうがよい。これらはいずれも無料で使用することができ、細かいアクセス状況まで調べることができる。

アクセス解析を導入したら、日時ごとのアクセス数や記事ごとのアクセス数はもちろん、直帰率や、訪問者がどこからサイトにやってきているかなどもチェックしよう。それによって、内容を改善すべき記事や、とくに検索されているキーワードなどがわかる。解析の結果を活かしてサイトを改善していけば、より効率よく収益を上げることができるだろう。

## 高性能なアクセス解析サービス

●Google Analytics
https://www.google.com/intl/ja/analytics/search.html
Googleが提供するアクセス解析ツール。有料版も用意されているが、無料版でも充分な機能を利用できる。

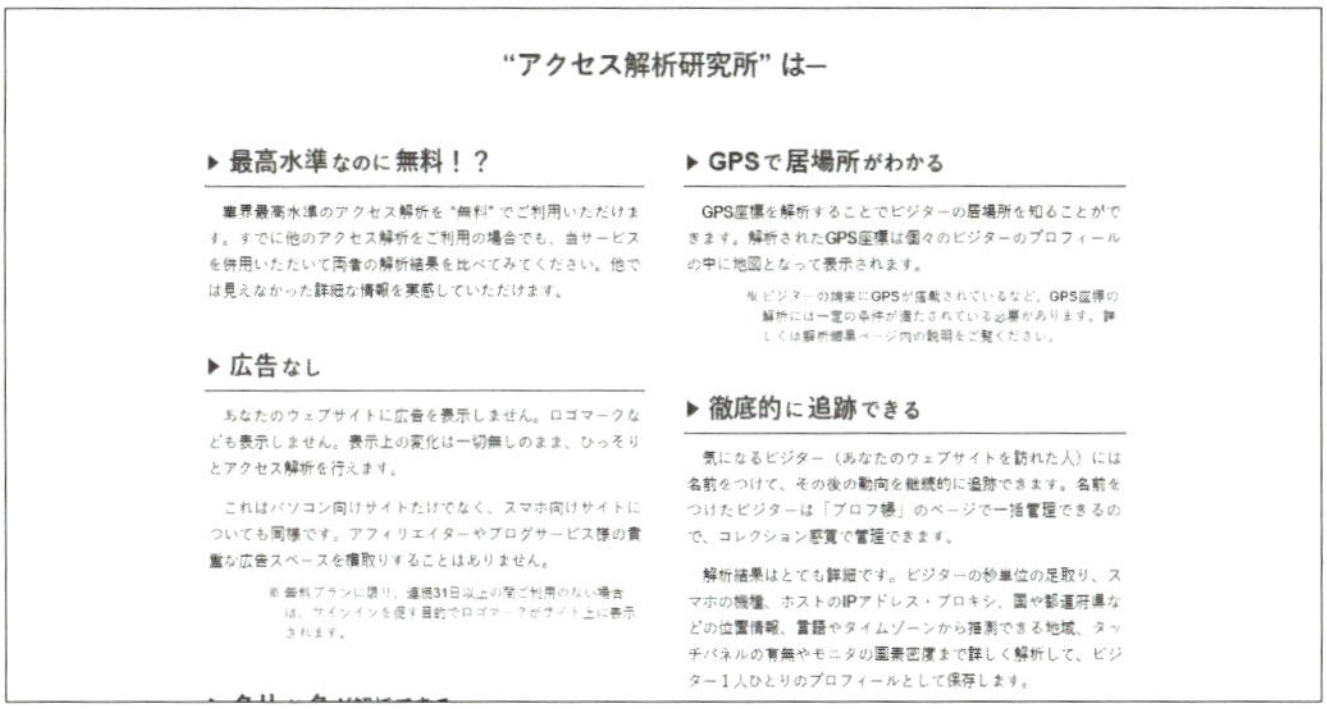


●アクセス解析研究所　https://accaii.com/
高度なアクセス解析が無料で行えるツール。設定や操作がかんたんで、初心者でも扱いやすい。

COLUMN

# スマートフォンへの対応はどうする?

スマートフォン表示に対応していないサイトは、文章や広告が通常よりも小さく表示され、広告をタップしてもらうには訪問者に画面を拡大(ピンチアウト)してもらわなければならない。このひと手間がかかることで広告タップのハードルが上がり、成約のチャンスを逃してしまうこともある。

そういった事態が起こらないように、livedoor BlogやFC2ブログ、WordPressのプラグインなど、スマートフォンサイズに自動的に対応してくれるサービスや機能でサイトを作成したり、スマートフォンに合うサイズの広告を意識したりしよう。A8.netでは、バナー広告のサイズが一覧で確認できる(http://support.a8.net/as/a8ad/)。

## ● A8.net バナー広告サイズ一覧

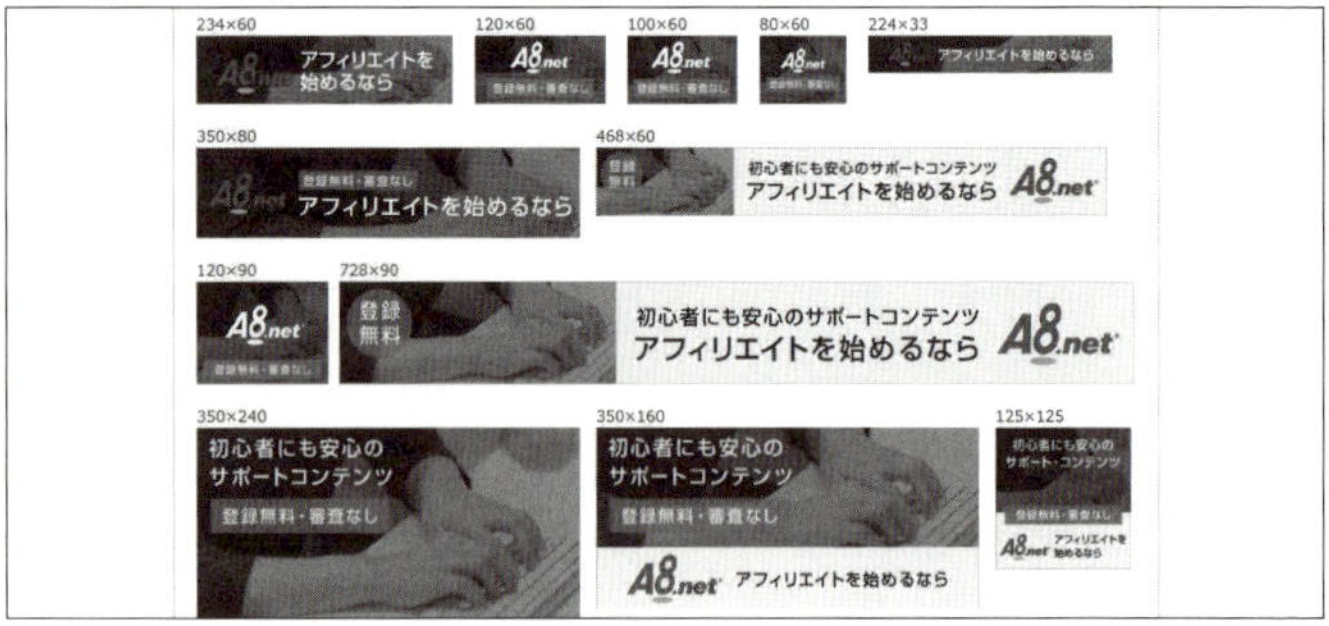

# 索引

## お問い合わせについて

本書に関するご質問については、本書に記載されている内容に関するもののみとさせていただきます。本書の内容と関係のないご質問につきましては、一切お答えできませんので、あらかじめご了承ください。また、電話でのご質問は受け付けておりませんので、必ずFAXか書面にて下記までお送りください。
なお、ご質問の際には、必ず以下の項目を明記していただきますようお願いいたします。

1 お名前
2 返信先の住所またはFAX番号
3 書名
(スピードマスター　1時間でわかる
アフィリエイト)
4 本書の該当ページ
5 ご使用のOSとWebブラウザ
6 ご質問内容

なお、お送りいただいたご質問には、できる限り迅速にお答えできるよう努力いたしておりますが、場合によってはお答えするまでに時間がかかることがあります。また、回答の期日をご指定なさっても、ご希望にお応えできるとは限りません。あらかじめご了承くださいますよう、お願いいたします。ご質問の際に記載いただきました個人情報は、回答後速やかに破棄させていただきます。

## 問い合わせ先

〒162-0846
東京都新宿区市谷左内町21-13
株式会社技術評論社　書籍編集部
「スピードマスター　1時間でわかる
アフィリエイト」
質問係
FAX：03-3513-6167
URL：http://book.gihyo.jp

■ お問い合わせの例

**FAX**

1 お名前
技術　太郎
2 返信先の住所またはFAX番号
03-XXXX-XXXX
3 書名
スピードマスター　1時間でわかる
アフィリエイト
4 本書の該当ページ
131ページ
5 ご使用のOSとWebブラウザ
Windows 10
Google Chrome
6 ご質問内容
画面が表示されない

**スピードマスター　1時間《じかん》でわかる**
**アフィリエイト**

2018年7月7日　初版　第1刷発行

著　者●リンクアップ
発行者●片岡　巌
発行所●株式会社　技術評論社
東京都新宿区市谷左内町21-13
電話　03-3513-6150　販売促進部
03-3513-6160　書籍編集部
編集●伊藤　鮎
装丁／本文デザイン●クオルデザイン　坂本真一郎
カバーイラスト●タカハラユウスケ
DTP●リンクアップ
製本／印刷●株式会社　加藤文明社

定価はカバーに表示してあります。



ISBN978-4-7741-9845-3 C3055
Printed in Japan